좋은 디자인의 10가지 원칙

일러두기

1. 옮긴이 주는 *로 표시했다.
2. 인명, 지명, 상품명은 한글맞춤법, 외래어표기법에 의해 표기하는 것을 원칙으로 했으나, 일부는 통용되는 방식으로 표기했다.

PRINCIPLES

DESIGN

10

TODAY

좋은 디자인의 10가지 원칙

내게 디자인이란 사치스러운 물건을 구입하는 핑계가 아니라, 복잡하고 까다로운 동시에 매력적이고 개방된 세계의 근원적이고 행동적인 체계를 만드는 일이다. 이 일은 세상을 모든 이들이 살아갈 만한 미래를 가진 곳으로 만드는 것을 진지하게 고려하는 작업이기도 하다. _디터 람스

현대 디자이너들은 디터 람스의 디자인 10계명을 어떻게 구현하는가?

Agata
Toromanoff

아가타 토로마노프 지음 · 이상미 옮김   SIGONGART

CONTENTS

이 책에서 이야기하는 '좋은 디자인'은 디터 람스의 '10 Principles of Good Design'에서 따왔다.

"내게 디자인이란 사치스러운 물건을 구입하는 핑계가 아니라,
복잡하고 까다로운 동시에 매력적이고 개방된 세계의
근원적이고 행동적인 체계를 만드는 일이다.
이 일은 세상을 모든 이들이 살아갈 만한 미래를
가진 곳으로 만드는 것을 진지하게 고려하는 작업이기도 하다."

_디터 람스, 2013년

I N T R O

디터 람스가 전하는 좋은 디자인의 10가지 원칙

디터 람스Dieter Rams(1932-)의 디자인은 수십 년간 여러 디자이너와 디자이너 제품 마니아에게 커다란 영감을 주었다. 디자이너들은 그의 디자인이 보여 주는 명료함과 기능적인 측면에 끌렸고, 마니아들은 실용성과 미학의 규칙에 매료되었다. 람스의 디자인은 대상을 세심하게 고려한 결과로, 언제나 오늘날의 삶에 필요한 부분을 충족시키면서도 환경을 보호할 수 있도록 제작되었다. 이 제품들은 내구성과 효용성, 그리고 빠르게 변화하는 사회에서도 사용자를 편안하게 만드는 점이 주요 특징이다. 람스의 디자인은 단순히 '미학의 패셔너블한 의식'이 아니라, 일상을 보다 편안하게 만드는 데 기여했다. 이러한 특징은 그의 기반인 디자인 프로세스 덕분이기도 하다. 디터 람스는 사용자의 요구 사항을 더욱 효율적으로 반영하기 위해 늘 사용자들과의 소통을 기반으로 디자인했다. 말하자면 그의 디자인적 실천의 중심에는 항상 디자인이 해결해야 할 과제가 있었다. 마지막으로 중요한 부분은, 디자이너에게는 '무심한 소비문화를 넘어서는' 디자인을 창조하는 과제가 필수라는 점이다.

1995년에 디터 람스는 『좋은 디자인이 갖추어야 할 열 가지 조건Ten Principles for Good Design』을 저술했다. 그러나 그가 자신의 디자인 철학을 이론화하려는 최초의 시도는 1970년대부터였다. 간결하게 축약된 이 열 가지 요점은 현대 디자인의 역사에 중요한 이정표다. 또한 이를 만든 람스야말로 공히 기념비적인 존재다. 그의 작품들, 그중에서도 전자제품 제조업체인 브라운Braun 사에서의 작업은 이 원칙들의 진화에 기여했다. 이 작업들은 이후 50년이 넘는 람스의 커리어를 빠르게 확장하고, 극적으로 바꾸었다. 이제 디자인은 일상의 일부로서 필수를 뛰어넘어 매우 중요한 역할을 한다. 조너선 아이브Jonathan Ive는 《더 선데이 타임즈》와의 인터뷰에서 이렇게 이야기했다. "우리는 수없이 많은

^ 디터 람스가 비초에Vitsoe를 위해
디자인한 620 의자 프로그램, 3인
용 소파.
©Vitsoe

제품이 개발되는 중대한 시대의 첫발을 내딛었다. 기술의 정의와 우리가 그
를 통해 앞으로 무엇을 할 수 있을지를 생각해 본다면, 그리고 기술을 통해
미래에 무엇을 할 수 있을지를 생각해 본다면… 우리는 아직 한계의 근처에
도 도달하지 못했다."

오늘날 디자인은 그 어느 때보다 중요해졌으나 언론은 좋은 디자인에 관한
논의는 무시하고, 디자인에 대한 의견을 내놓기보다는 제품의 홍보에만 열중
하는 듯하다. 그래서 나는 유명 디자이너 및 신진 디자이너 1백 명이 내놓은
1백 개의 뛰어난 디자인을 탐구하는 방식으로 이 논의를 초기화해 보고자
한다. 이 책에서 이들이 어떻게 노력했고, 디터 람스의 철학을 해석했는지, 그
리고 어떻게 더 나은 미래를 만들었는지 살펴볼 예정이다. 이들은 혁신적인
해결책을 내놓았을까, 아니면 유행을 만들었을 뿐일까? 이들은 일상을 진정
으로 개선하기 위한 디자인에 집중했을까, 아니면 세계적으로 홍보가 잘 되
었을 뿐일까? 이들은 디자인의 경계를 확장하기 위해 위험을 감수했을까, 아
니면 이미 만들어진 길을 따라갔을까?

좋은 디자인의 구성 요소들에 대한 개인적인 해석은 허용된다. 그렇다면
일종의 정의가 필요한 최근의 디자인 작품들을 검토하면 어떨까? 이때 디터
람스가 제시한 열 가지 디자인 원칙은 이러한 목적에 완벽하게 들어맞는 리
트머스 시험지다. 디터 람스는 이렇게 말했다. "내게 있어 좋은 디자인이란 마
지막 디테일 하나까지도 혁신적이고, 유용하고, 미학적으로 아름답고, 타당
하고, 방해물이 없고, 정직하고 튼튼할 뿐 아니라 환경을 생각한 디자인이다.
그리고 이를 가능한 한 적은 디자인으로 이루어 낸 디자인이다."

그렇다면, 오늘날의 디자이너들은 어떠할까?

좋은 디자인은 혁신적이다

"혁신의 가능성은 어떤 방향으로도 절대 없어지지 않는다. 기술의 발전은 언제나 혁신적인 디자인에 대한 새로운 가능성을 제공한다. 그러나 혁신적인 디자인이란 항상 혁신적인 기술과 마치 2인용 자전거와 같은 관계로 발전하기 때문에 한계가 없다."

_디터 람스Dieter Rams

디터 람스의 업적은 수십 년에 걸쳐 이루어졌고, 상당수 획기적인 혁신을 남겼다. 우리들은 오늘날 과거 어느 때보다도 지속적으로 기술 발전이 이루어지고 있다는 사실을 잘 알고 있다. 혁신은 전례 없는 빠른 속도로 일상 속 삶의 방식을 개선해 줄 요소들을 가져다주고 있을 뿐만이 아니라 크게 영향을 준다. 기술 개선은 혁신적인 디자인 측면에서도 비슷한 수요를 창출한다. 말하자면 기술과 디자인 모두 완벽한 균형을 이루며 서로를 보완해야 한다. 디자인은 기술적 혁신을 쉽게 파악할 수 있도록 해야 하고, 미학적으로도 아름다워야 하며, 동시에 아주 실용적이어야 한다. 기술의 진보는 디자인에 힘입어 더 나은 삶의 방식을 주도한다. 사용자들은 마치 원래 우리 삶의 기준에 기술이 자연스럽게 더해지듯 이를 직관적으로 이용할 수 있어야 한다. 오늘날, 디자인에 새로운 기술을 적용하는 일이야말로 가장 어려운 과제 중 하나일 것이다. 이러한 면에서, 디터 람스에 따르자면, 디자이너의 성공 여부는 사람들과의 지속적인 소통에 크게 좌우된다. 사람들을 잘 이해해야만 그들을 위한 디자인을 할 수 있기 때문이다.

믈라덴 호이즈MLADEN HOYSS, 애드햄 바드르ADHAM BADR
블록제로18 BllocZero18, 2017 / **블록**Blloc

"단순함에 집중하라." 이 표어는 믈라덴 호이즈와 애드햄 바드르가 디자인한 블록 사의 스마트폰과 연관시킬 수 있다. 이 차세대 핸드폰은 배터리를 절약할 수 있는 시스템과 효율적으로 설계된 하드웨어를 조합한 제품으로, 미니멀한 외관이 특징이다. 전통적인 전화기와 똑같은 기능들을 제공한다는 점에서는 종전의 특징을 잘 살렸다고 할 수 있지만 사실 전화의 기본 기능은 전화기 발명 이후로 계속하여 조금씩 변화해 왔다. 또 미래의 의사소통 시스템을 보여 준다. 마지막으로 완벽하게 조작 가능한 도구이면서도 미학적으로 순수하고 세련된 형태로 소비자의 눈을 즐겁게 한다. 블록제로18은 복잡한 내부 메뉴가 없는 작동 시스템과 마찬가지로 외관에도 불필요한 요소가 전혀 없다. 대신 유려하고, 더할 나위 없이 단순화되었으며 크기도 작다. 이와 같은 특징은 디자이너가 선택한 우아한 색 조합에도 잘 반영되어 있다. 디자이너는 흑백 화면을 선택했다. 디자인 철학은 제품의 다른 미니멀한 특징들에도 뚜렷하게 드러날 뿐만이 아니라 배터리 소모를 최소화해 준다. 물론 사용자가 손쉽게 컬러 화면으로 바꿀 수 있다.

이 제품에서 디자이너들의 주요 목적은 전화기 고유의 기본적 기능, 즉 전화기가 다른 사람과의 소통 수단임을 이끌어 내는 데 있었다. 그래서 여러 가지 불필요한 요소를 넣기보다는 연락처와 메시지를 관리하는 데 중점을 두었다. 전화기는 쉽고 원활하게 소통할 수 있는 도구인 동시에 세련되고 쓸모 있는 제품이어야 한다. 디자이너는 다음과 같이 설명한다. "블록제로18에는 안드로이드 8.1을 기반으로 한 블록의 운영 체제가 내장되어 있다. 이는 여러 어플리케이션에 흩어져 있는 사용자의 대화와 소통을 하나로 통합해 간단하게 정리해 준다." 단순함이 디자인 철학의 기반인 만큼, 이들은 혁신과 사업 개발의 핵심 역시 단순함이어야 한다고 생각했다. 사용자들은 원하는 앱은 무엇이든 무료로 받아 설치할 수 있으며, 가장 자주 사용되는 앱은 이미 '루트'에 포함되어 있다. '루트'는 항공권 예약부터 날씨 확인까지 모든 필수 동작을 수행한다. 사려 깊은 설계 덕분에 사용자들은 다양한 요소를 쉽게 다룰 수 있으며, 이러한 특징은 순수한 디자인을 보여 주는 외관에서도 찾을 수 있다. 디자이너들은 "우리의 기기 설계는 필수 요소들과 최고의 하드웨어적 성능 간의 건실한 균형을 유지하는 데 집중한다"고 이야기한 바 있다. 블록 사는 2017년 A 디자인 어워드의 디지털 및 전자 기기 디자인 분야에서 은상을 수상했다.

이브 베하 YVES BÉHAR
라이브 OS Live OS, 2017 / 허먼 밀러 Herman Miller

스위스 디자이너인 이브 베하는 다양한 수상 경력을 자랑하는 산업 디자인
및 디자인 컨설팅 회사이자 미국 샌프란시스코에 기반을 둔 퓨즈프로젝트
fuseproject의 설립자 겸 최고 경영자다. 제품, 디지털 및 브랜드 디자인은 모든
기업의 주춧돌이라고 확신하는 자부심 강한 디자인 사업가이기도 하다. 베
하는 자신의 팀과 함께 패션부터 가구 디자인에 이르기까지 다양한 분야의
프로젝트를 진행하고 있다. 덕분에 그의 포트폴리오에는 인상 깊은 작업이
많다. 또한 최신 기술과 혁신적인 해결책을 강조한다는 사실을 알 수 있다.
　퓨즈프로젝트는 수많은 협업을 해 왔다. 그중에서도 허먼 밀러 사와의 파
트너십은 10여 년 넘게 유지되고 있다. 그 결과로 사무실 공간에 다양하고 흥

미로운 혁신을 가져왔다. 라이브 OS라고 불리는 지능형 오피스 시스템도 그 부산물이다. 이전에 진행되었던 여타 프로젝트들과 마찬가지로, 이 작업 역시 사무실에서의 기술의 역할을 탐색했다. 이브 베하는 이렇게 설명한다. "이 프로젝트의 목적은 우리가 일하는 공간이 지능을 가진다면 어떤 일이 일어날지에 대한 해답을 찾는 것이다. 그렇게 된다면, 어떻게 근로자와 회사 양쪽 모두에게 혜택을 줄 수 있을까?"

사람들이 주로 앉아서 일한다는 점에 주목한 라이브 OS는 사무실 공간의 기능성을 높이기 위한 신체 활동 촉진에 주요 목적을 두었다. 베하와 디자인 팀은 지능형 사무실을 어떻게 그려 냈을까? 주기적으로 앉았다 서고, 다시 앉는 식으로 자세를 바꾸도록 유도하는 방향으로 개발했다. 책상과 의자에 특수 센서가 달린 인터액티브 데스크 컨트롤러는 사용자의 동작을 감지하고 움직임이 부족할 때 즉각 반응한다. 또한 이에 연결된 라이브 OS 앱은 사용자 개인의 선호나 습관 데이터를 수집하며, 이에 따라 시스템이 책상에 가벼운 진동을 주거나 조도를 살며시 높이는 등의 방법으로 알람을 보낸다. 업무 자세를 바꾸려면 가까이 위치해 있는 모듈을 터치하면 된다. 시스템이 저절로 높이 조절이 가능한 책상의 높이를 비롯해 개인별 설정에 맞게 공간을 조정해 준다. 이 시스템은 매우 유동적이며, 개인 작업 공간을 재배치하는 것 이상의 역할을 수행한다. 사무실 내에서 직원들이 공용 책상에 접근해 스마트폰을 책상의 모듈에 갖다 대기만 하면 블루투스를 통해 자동으로 사용자를 인식한다. 스마트폰이 자세를 바꾸라고 알려 준다는 것이 놀랍다. 사무실 가구에 이러한 혁신적인 시도를 함으로써 업무 경험을 변화시킨다. 근로자들을 더 많이 움직이게 만들면 창의적이고 건강해지며 행복감을 느끼는 등 보다 긍정적인 연쇄 반응을 촉발할 수 있다.

티 챙TI CHANG
베스퍼 바이브레이터 목걸이Vesper Vibrator Necklace / 크레이브CRAVE

티 챙은 여성이 만드는 여성용 제품을 주창하는 디자이너다. 주로 고급 성인 용품을 만드는 디자인 브랜드인 크레이브의 공동 설립자이기도 하다. 챙은 성행위에 대한 담론을 바꾸기 위하여 성적 쾌감을 위한 액세서리를 우리가 일상에서 사용하는 다른 디자인 제품들과 같은 선상의 주류 문화에서 소개 한다. 나아가 성인용품 디자인을 다른 물건들과 똑같은 방향에서 접근한다. 그가 만든 제품들의 주요 목적은 사용자에게 다채로운 경험을 제공하는 것이다. 그녀의 모든 디자인은 세련되고 신중하지만, 특별히 명성을 얻은 것은 경량 바이브레이터 베스퍼 덕분이었다. 보통은 미학적으로 흥미롭지 않고, 공개적으로 드러나지도 않는 은밀한 물건을 보석이나 액세서리처럼 변신시켰다는 사실이 흥미롭다. 챙은 사적 영역과 공적 영역의 경계를 넘나드는 데 흥미를 가졌다. 그 결과로 탁월한 제품이 탄생했다.

베스퍼는 목에 거는 체인에 달린 우아한 형태의 펜던트다. 일반적인 바이브레이터와 전혀 다른 모습이다. 가느다란 수직 형태의 펜던트는 흥미를 불러일으키는 장신구로, 제품은 체인의 길이 때문에 여성의 가슴골에서 도발적

으로 흔들린다. 여성이 자신의 몸과 욕망을 능동적으로 인지하게끔 제작된 이 혁신적인 성인용 장난감은 과연 세련된 표현이라고 할 만하다. 티 챙은 이렇게 설명했다. "모든 사람이 이 목걸이를 차고 다니기를 원하지는 않을 것이다. 다만 어떤 여성은 장난스럽고 외설적인 비밀을 간직한 보석으로 좋아할 수도 있고, 어떤 여성은 자신의 쾌락을 공개적으로 착용함으로써 성적인 권리 상승의 상징으로 여길 수도 있다."

펜던트의 길이는 약 10센티미터다. 숨기고 싶을 때를 대비하여 탈착이 가능하게 디자인되었다. 휴대가 편리하고 사용 방법도 쉽다. 버튼 하나로 켜고 끌 수 있으며, 속도와 강도를 세 단계로 조절할 수 있다. 또 다른 혁신적인 부분은 USB 포트로 충전이 가능하다는 데 있다. 챙은 "환경에도 좋고, 배터리를 교체하는 번거로움을 겪지 않아도 되기에 사용자에게도 편리하다"고 설명했다. 가느다란 유리병 모양의 기구는 광이 나도록 연마한 스테인리스 스틸 재질이며, 컴퓨터 통제 시스템 기계로 성형했다. 원한다면 찰스 임스의 명언, "즐거움을 중요하게 여겨라 Take your pleasure seriously"를 각인으로 새길 수도 있다. 아마도 즐거움을 이렇게 간편하고 한 손에 쏙 들어오게 만든 최초의 물건일 것이다.

네이티브 유니언NATIVE UNION

시계 도크Watch Dock / 네이티브 유니언Native Union

네이티브 유니언의 시계 도크는 실용적인 물건이 시각적으로도 빼어날 수 있음을 보여 주는 증거다. 이 혁신적인 애플워치 충전기는 최신 기술 측면에서 첨단을 추구하는 이들에게 필수품이라고 할 수 있다. 견고한 거치대로서 애플워치를 충전할 수 있을 뿐만이 아니라 조작도 가능하다. 게다가 애플의 모든 모델 및 사이즈, 시계 스트랩 스타일과 호환된다. 무엇보다 시계를 보기 좋게 걸어 둘 수 있는 멋진 아이디어로, 시계를 충전하는 동안 탁자 위에 내버려 두는 것보다 안전하다.

미니멀한 모양의 도크 베이스는 나사 없이 디자인되었으며 두 개의 요소가 자석으로만 합쳐져 있다. 양면 모두 이용할 수 있는 제품으로, 수평과 수직 방향 중 어느 쪽으로든 시계를 충전할 수 있다. 사용자는 베이스를 뉘인 다음 돌아가게끔 달려 있는 팔 부분의 위치를 한쪽으로 움직이기만 하면 된다. 덕분에 시계의 문자판을 보다 쉽게 볼 수 있다. 또한 왼손잡이들에게도 편리한 옵션이 된다. 위치를 옮길 때도 편리하다. 이 도크 디자인은 대부분의 사용자들이 잠자는 동안 시계를 충전하기 때문에 밤에는 침대 옆에 두는 알람시계 역할로 전환된다는 생각에서 비롯되었다. 네이티브 유니언의 디자이너는 다음과 같이 설명한다. "이 도크가 수평 위치에 있으면 충전 중인 시계는 저절로 침실용 스탠드 모드로 바뀐다. 이 모드는 스크린에서 빛나기 때문에 시계를 찾기 쉽고, 알람을 끄거나 스누즈snooze 기능(*자명종이 울린 뒤 일정 시간이 지나면 다시 자명종이 울리는 기능)을 사용하는 등 모든 기능을 조작하기에 편리하다." 사용자가 다른 옵션에도 쉽게 접근 가능하다는 점에서 침대 옆에 무심코 놓인 알람시계보다 훨씬 많은 기능을 갖추었다고 할 수 있다.

오른쪽에 보이는 디자인은 특별히 순수 대리석으로 제작한 에디션이다. 천연 대리석을 절단해 수작업으로 광택을 낸 제품이다. 대리석 특유의 무늬가 있는 구조 덕분에 하나하나 모양이 다르다. 이 다목적 제품은 혁신적인 기술이 세련된 모습, 그리고 최고급 품질의 전통적 재료와 만난 결과물이다. 도크는 애플워치를 충전하고 전시해 주는 역할이지만 디자인 제품 자체로도 가치가 있다. 제품의 맵시 있는 형태는 시계가 이목을 끌도록 해 주며, 충전 중에도 쉽게 사용할 수 있도록 한다.

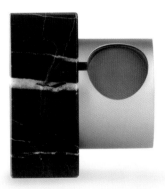

니케토 스튜디오NICHETTO STUDIO
아스트로Astro, 2018 / **튜브스**Tubes

아스트로는 기발한 온풍기와 효율적인 공기 청정기를 합쳐 놓은 제품으로, 모든 환경에서 사용이 가능하다. 아스트로를 생산한 이탈리아 브랜드 튜브스는 "열과 공기, 인간의 생존에 필요한 두 가지 기본적인 요구야말로 이 제품의 정수를 나타낸다고 할 수 있으며, 이를 위해 난방과 청정 두 가지 기능을 독립적으로 수행하는 기술이 필요했다"고 전했다. 이와 같은 유연성은 디자인의 기능적인 측면만이 아니라 시각적인 측면을 고무하는 데도 영향을 주었다. 선명하고 다양한 색깔의 폴리우레탄 소재로 외부 구조를 제작한 아스트로는 기본적으로 높낮이가 다른 두 쌍의 다리를 적용할 수 있다. 즉 인테리어의 성격에 따라 높게 혹은 낮게 만들 수 있다. 물론 어떤 높이로 설치해도 흥미를 자극하면서도 차분한 디자인이 만드는 외관 덕분에 가구로서의 역할을 다한다. 튜브스의 디자이너는 "아스트로는 이제 막 이륙하려는 우주선처럼 디자인했으며, 온풍기로서 가정과 사무실 어디에나 착륙하고 탐험할 수 있다"고 했다.

아스트로는 보다 기능적인 측면을 더하기 위해, 공기 청정 기술을 통해 주요 기능인 난방 성능을 더욱 향상시켰다. 덕분에 일 년 내내 사용할 수 있다. 아스트로의 혁신적인 면은 여기서 끝나지 않는다. 이 제품은 본체에도 전원 및 강도 조절을 할 수 있는 버튼이 달려 있지만 블루투스 및 전용 앱을 통해 리모컨처럼 기능을 조절할 수 있다. 이는 수행 가능한 기능의 종류를 훨씬 다양하게 만들어 준다. 아스트로는 설치에 제약이 없는 난방 기구라는 점에 집중한 튜브스 사의 새로운 플러그 앤드 플레이plug and play(*별도의 물리적인 설정 없이 설치만 하면 바로 사용할 수 있는 속성) 컬렉션 중 하나다. 이 아이디어는 "인간적 측면의 정의는 끊임없는 움직임과 진화 속에서 언제든 열려 있다"는 표현에 따라 가구와 건축의 고정적인 속성을 바꾸려는 시도로 볼 수 있다.

루카 니케토Luca Nichetto는 2006년에 디자인 스튜디오를 설립했다. 베네치아와 스톡홀름에 기반을 둔 그의 디자인 팀은 다양한 영역에 걸쳐 일하고 있으며, 국제적인 브랜드들을 위해 수없이 다양한 프로젝트를 구상 및 진행한 바 있다. 이 스튜디오의 프로젝트들은 세부적인 면에도 집중했다는 점과 흥미로운 참고 자료들로 잘 알려져 있다. 아스트로를 디자인한 팀에는 프란체스코 돔피에리Francesco Dompieri와 장 몽포르Jean Montfort도 속해 있다.

유이YUUE
만질 수 있는 추억 Tangible Memory

독일 베를린에 기반을 둔 디자인 스튜디오 유이는 2015년 웽 진유Weng Xinyu 와 타오 하이유에Tao Haiyue(두 사람 모두 바이마르의 바우하우스에서 제품 디자 인을 전공했다)가 설립했다. 유이는 일상 속의 평범한 물건처럼 보이면서도 예 상치 못한 추가적인 특징이 있는, 범상치 않은 제품들을 디자인하기로 유명 하다. 두 사람의 포트폴리오는 조명, 가구, 장식품 및 전자제품 등 다양하지 만, 언제나 상호성과 감정에 중점을 두고 인간과 제품의 관계에 초점을 맞춘 다. '만질 수 있는 추억'은 감정적 측면을 반영해 제작된 제품의 매우 흥미로 운 예다. 얇은 철판과 유리로 된 이 제품은 그리 눈에 띄는 편이 아니다. 그러 나 한참 동안 만지지 않고 내버려 두면, 마치 추억이 잊히는 것을 암시하듯 유리가 점점 흐려진다. 만약 사용자가 액자 테두리를 만지면 유리는 서서히 투명해지면서 이미지를 다시 보여 준다. 이는 시적이고 감성적인 메시지를 전 달할 뿐만이 아니라 사용자의 반응을 요구한다. 후자의 특징은 어떤 면에서 는 이 제품을 완성하는 부분이다.

시간과 기억에 대한 해석을 담은 세상에서 가장 독창적인 액자라고 할까? 만질 수 있는 추억이 제 기능을 하게 만들기 위해서는 지속적인 상호 작용이 필요하다는 콘셉트다. 이렇게 함으로써 우리가 사진을 찍은 다음 액자에 넣 어 추억을 기록하는 행위를 한 단계 고양시킬 수 있다. 이 혁신적인 디자인은

추억과 과거의 순간들을 간직하고 보완하도록 해 주며, 이 행위는 디자인에 감성적·서정적인 측면을 더한다. 창의적인 기술은 디자인을 혁신적이고 인간 중심적인 면으로 이끌어 주는 역할이다. 정해진 역할만 수행하는 게 아니라, 사용자의 반응 없이는 역할을 제대로 해내지 못하는 상호 작용적 도구가 되었다. 이와 동시에 유이는 신중한 콘셉트를 통해 물건의 본질을 다루었다.

유이의 창립자이자 중국 출신 디자이너인 웽 진유는 현대 디자인에 대한 신선하고 독창적인 통찰을 보여 준다. 자신의 문화적 배경과 일상의 순간들을 비교하며 영감을 얻으며, 리서치할 때 중점적으로 고려하는 것은 인류와 발명품들 사이의 관계라고 언급한 바 있다. 또한 자신에게 디자인이란 동시대의 미학을 정의하는 방법일 뿐만 아니라 제품 디자인의 미래 원칙을 탐구하는 일이라고 밝혔다.

에오스EOOS

누키Nuki, 2017 / 누키NUKI

에오스는 1995년에 빈 응용미술대학 출신인 게르노트 보만Gernot Bohmann, 하랄트 그륀들Harald Gründl, 마틴 버그만Martin Bergmann이 설립한 디자인 팀이다. 본사는 오스트리아의 수도인 빈에 위치한다. 각종 디자인 어워드에서 수상한 경력이 있는 실력 있는 팀으로 주로 가구 및 제품 디자인, 그리고 매장 디자인 분야에서도 활동한다. 이들은 공공연히 이렇게 외친다. "에오스에게 디자인이란 고풍스러움과 하이 테크놀로지 간의 시적 수련이다." 또한 "에오스는 '시적 분석Poetical Analysis®'을 할 때 의례, 미신과 직관적인 이미지들을 시작점의 범위 내에 둔다"라고도 했다.

에오스의 포트폴리오에 담긴 모든 프로젝트는 전형적이거나 지루한 면이 거의 없다. 문제 해결을 위한 혁신적이고 신선한 접근이야말로 이들의 콘셉트를 이끄는 원동력이다. 누키('뉴 키New Key')는 그들이 디자인한 최초의 로봇으로, 이 팀의 커리어 중 최신작이다. 이 전자식 도어락을 설치하는 일은 이보다 더 쉬울 수 없을 정도다. 구멍을 뚫거나 나사를 끼울 필요도 없이, 출입문 안쪽의 도어 실린더 위에 꽂기만 하면 된다. 앱으로 조종할 수도 있다. 누키는 문을 열거나 잠가 주도록 디자인되었으며, 누군가가 접근하면 물리적 열쇠를 돌리고 자물쇠 고리를 당기는 일을 할 뿐이다. 문이 열렸는지 잠겼는지 여부를 알 수 있는 표시등은 링 모양의 LED 램프로, 앱에서도 똑같은 모양으로 나타난다. 원이 닫혀 있으면 문이 잠겨 있는 것이다. 스마트폰으로 언제든 문 상태를 확인할 수 있으며, 손님이 출입할 수 있도록 문을 열어 주는 일도 가능하다. (이 자물쇠를 공용 공간을 위한 솔루션으로 사용할 수도 있다). 스마트폰 없이, 열쇠고리에 달린 작은 블루투스 장치만으로 문을 열거나 잠그는 것도 가능하다. 비상시에는 자물쇠 위의 바깥쪽 원을 이용해 수동으로 문을 열 수 있다. 자물쇠 하나당 최대 1백 개의 출입 허가를 처리할 수 있다. 이 솔루션은 처음부터 끝까지 온라인 뱅킹 분야에서 쓰이는 것과 견줄 만한 보안 수준의 암호화로 완성되었다.

에오스는 오래된 자물쇠의 상징적인 특징과 미학적 기능에서부터 사용자 인터페이스 디자인을 위한 영감을 받아 혁신적이고 스마트한 출입문 솔루션인 누키를 제작했다. 덕분에 열쇠는(특히 잃어버린 열쇠들은) 과거의 유물이 되었다.

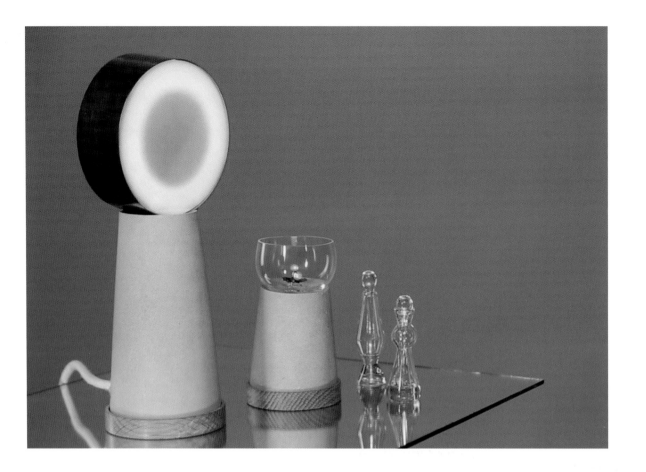

레나 살레LENA SALEH
수면 키트 브레스 럭스 라이트Sleep Kit Breath Lux Light
& 로마 올팩토Roma Olfacto, 2017

레나 살레는 패션 명문인 센트럴 세인트 마틴스의 미래 소재 분야에서 제품 디자인, 인테리어, 소재 및 시각적 자극 디지털 응용 프로그램의 석사 학위를 받았다. 그녀가 디자인한 수면 키트는 우리의 수면 방식에 커다란 변화를 가져올 물건들로 이루어진 세트다. 현대의 라이프스타일에서는 어디에나 존재하는 기술이 우리 몸이 가진 자연적인 리듬에 영향을 주는 것은 물론, 시간대를 넘나들며 여행하는 일도 잦다. 당연히 수면의 질에는 좋지 않다. 살레는 이렇게 말한다. "학자들은 온종일 쌓인 독소를 제거하여, 뇌의 청소부 같은 역할을 하는 체계를 '글림프계glymphatic system'라고 명명했다. 수면이 부족하거나 숙면에 방해받으면 글림프계가 제 역할을 할 시간이 충분치 않다. 독소가 쌓여 신경변성 질환으로 이어질 수도 있다."

이 심각한 문제를 해결하기 위해 디자이너는 우리가 잠들기 전에 빛을 뿜어내는 스마트폰 화면이나 텔레비전, 컴퓨터 등을 들여다보는 대신 상호 작용을 할 수 있는 제품 세트를 고안해 냈다. 요가의 호흡법인 프라나야마 pranayama(*선 호흡법, 호흡을 통해 체온을 올리고 전신을 풀어 주는 준비 운동)에 기초하여 의식적으로 호흡을 도와준다. 살레는 조각 작품 같은 존재감 덕분에 시각적으로 흥미를 끄는 형태에 기능적인 도구를 더했다. 이 도구의 목적은 향과 빛으로 이루어진 단순하고 짧은 감각적 경험을 통해 사용자가 긴장을 풀게 하고, 이를 우리 일상에 없어서는 안 될 새로운 저녁 시간의 일과로 만드는 데 있다. 이 컬렉션이 제시하는 중요한 부분 중 하나가 건강한 습관을 더욱 퍼뜨리기다. 스마트 기기들로 둘러싸인 집에 설치하면 기술적으로 수면 패턴을 추적하는 것만이 아니라, 방의 온도를 낮추거나 조도를 조절하는 등 집 안 환경을 조절할 수 있다.

브레스 럭스 라이트는 부드러운 조명을 통해 사용자가 호흡을 조절하도록 한다. 디퓨저인 로마 올팩토는 우리가 마음을 가다듬고 행복감을 높일 수 있는 향을 분사한다. 살레는 자신이 영감을 받은 대상에 관한 이야기를 하면서 고대 이집트의 취침 사원들을 연구했다고 밝혔다. 고대 이집트인들은 취침 사원에서 가벼운 질병을 치료받았다. 수면을 보장받고, 수면의 질을 향상시키는 것은 결과적으로 날마다의 활동을 촉진한다. 오늘날 너무 많은 기계와 기술에 매여 살고 있는 우리는 살레의 수면 키트와의 상호 작용을 통해 마음을 여는 경험을 할 수 있다.

파울라인 델토르PAULINE DELTOUR

머니멀즈Monimalz, 2017

옐로우 이노베이션Yellow Innovation • 프랑스 우정사업본부La Poste

파울라인 델토르는 프랑스 태생 디자이너로, 파리에 있는 국립 고등장식 예
술학교와 올리비에 드 세르 디자인 예술학교를 졸업했다. 이후 뮌헨에 있는
콘스탄틴 그릭 스튜디오에서 디자이너 및 프로젝트 리더로서 커리어를 시작
했다. 지금은 파리를 중심으로 활동하고 있는데, 2009년부터 개인 사무실을
운영하면서 산업 제품과 가구에서부터 보석과 공공장소 디자인에 이르기까
지 다양한 범위의 프로젝트를 진행한다.

델토르가 만든 기발한 머니멀즈 컬렉션은 '저축'의 개념을 새로운 단계로
격상시켰다. 이 21세기형 돼지 저금통은 온라인 뱅킹 시스템의 역할을 한다.
옐로우 이노베이션·프랑스 우정사업본부를 위해 디자인한 차세대 저금통은
영리하게도 아이들의 은행 계좌와 연결되어 있다. 시리즈 제품 모두 매끈하
고 단순한 형태지만, 델토르는 여기에 판다, 원숭이, 고래 등의 저금통을 지
켜 주는 동물 모양 마스크를 덧씌웠다. 마스크는 자석으로 되어 있기 때문에
사용자가 마음껏 위치를 조정할 수 있다. 이와 같은 디테일로 귀여울 뿐만 아
니라 쉽게 교체할 수 있다는 실용성까지 높였다. 나이를 나타내는 다양한 스
티커를 붙일 수 있어 나만의 저금통으로 꾸밀 수도 있고, 저금통이 아이와 함

께 자라는 느낌을 줄 수도 있다.

저금통의 배 부분에 있는 스크린으로는 잔고가 보인다. 아이들은 원할 때마다 자기 계좌에 있는 현재 잔액을 볼 수 있으며, 용돈이나 메시지를 받으면 확인할 수도 있다. 머니멀즈는 모바일 앱과도 연동된다. 은행 카드 정보나 계좌 이체 기능을 통해 아이의 계좌로 쉽게 돈을 송금할 수 있다. 무엇보다 동전을 넣을 수 있기 때문에, 전통적인 돼지 저금통에 최신 기술을 접목시킨 제품이라 칭할 만하다. 누군가 동전을 넣으면 반려동물 모양의 저금통은 마치 살아 있는 듯 동전의 액면가를 스크린으로 알려 주고, 계좌 잔고에 해당 금액을 더한다. 메시지를 보낼 수 있는 기능은 머니멀즈가 갖춘 또 하나의 혁신적인 특징이다. 용돈을 주는 사람이 원하는 내용이나 과제를 메시지로 보낸 후 이 조건이 충족되면 추가로 용돈을 받을 수 있다. 제품을 조정하는 앱은 개발 중이다. 향후 어린이들이 돈을 저축하고 사용하는 법을 배울 수 있는 여러 기능을 갖추도록 확장할 계획이다. 스마트하고 재미있는 아이들의 친구로 개발된 머니멀즈는 교육용 기구인 동시에 아이들의 방을 더욱 멋지게 꾸며 줄 인테리어 아이템이기도 하다.

심플휴먼SIMPLEHUMAN

ST2015, 2018

쓰레기를 버리는 일에도 21세기가 찾아왔다. 심플휴먼은 보다 효율적인 재활용 시스템을 만들 수 있는 '보다 문명화된 휴지통'을 제시한다. 캘리포니아에 기반을 둔 이 브랜드는 욕실과 주방을 위한 스마트한 솔루션에 특화되어 있다. 또한 센서 기술을 개발해 사용자들이 보다 빠르고 위생적으로 쓰레기통을 사용할 수 있도록 했다. 혁신적인 특성은 휴지통을 목소리와 동작으로 통제할 수 있다는 점이다. 스마트 센서는 주위 환경에 적응하며, 제작사가 보장하는 바에 따르면, 잘못된 명령에는 반응하지 않는다. '휴지통 열어'라는 명령이나 손을 흔드는 행동에 대한 반응으로 제품의 뚜껑이 열린다. 재활용 쓰레기와 일반 쓰레기로 편리하고 현명하게 나뉜 안쪽은 공간 활용도도 높다. 시스템의 반응은 즉각적이며, 뚜껑을 열 필요도 없거니와 휴지통 표면을 건드릴 필요조차 없다.

안에는 쉽게 제거할 수 있는 플라스틱 버킷이 있어 한쪽은 재활용 쓰레기를 넣고, 다른 한쪽은 일반 쓰레기를 넣을 수 있다. 휴지통 안에 쓰레기가 들어가는 순간, 뚜껑이 자동으로 닫힌다. 이 최신식 휴지통의 날렵한 디자인에는 경첩에 꼭 맞게 달린 강력하지만 작고 조용한 모터가 포함되어 있다. 덕분에 휴지통 뚜껑을 부드럽게 열면서도 그다지 부피를 차지하지 않는다. 벽 바로 앞에 붙여 세워 둘 수도 있다. 디자이너들이 이 혁신적인 솔루션을 아주 세련되면서도 단순한 실루엣으로 구현했기에 제품은 자체로 주방에서 액세서리 역할을 해낸다. 또한 ST2015는 미생물 번식을 막기 위해 스테인리스 스틸 소재에다 나노 실버 입자로 보이지 않는 지문 방지 코팅을 더했다. 휴지통은 마감 덕분에 보다 깨끗하고 날렵해 보인다. 실용적인 특징을 더 살펴보자면, 디자이너들은 휴지통 안에 사용자 마음대로 더하거나 뺄 수 있고 내구성이 있는 혁신적인 내부 포켓을 더함으로써 빠르고 쉽게 쓰레기봉투를 교체할 수 있게 해 준다. 이 제품은 쓰레기 버리는 작업을 '손을 쓰지 않고' 할 수 있는, 극도로 우아한 방식으로 바꾸었다. ST2015는 영리한 디자인과 혁신적인 기능성으로 스마트 휴지통이라는 이름에 부합하는 제품이 되었다.

좋은 디자인은
제품을 쓸모 있게 만든다

"제품은 사용을 위해 구매한다. 그럼에도 제품은 기
능적인 기준만이 아니라, 심리적이고 미학적인 기준
도 충족시켜야 한다. 좋은 디자인은 제품의 쓸모를
강조하며 이를 방해할 수 있는 요소들은 배제한다."

_디터 람스 Dieter Rams

유용성은 오늘날까지도 모던 디자인에서 오랜 논쟁의 대상이다. 기능과 미학의 대결에서 누가 승자인지는 불분명하다. 어떤 디자이너들은 사용자가 제품을 사용하는 방식에만 주의를 기울인다. 이들에게 미적인 측면은 문제가 아니거나 적어도 중요한 역할을 차지하지 않는다. 반대로 어떤 디자이너들은 실용적인 기능보다는 모양을 중시하고, 기능적 측면에서는 그리 중요하지 않더라도 더 아름답게 보이는 쪽을 택한다. 두 가지 요소가 서로 완벽하게 균형을 이룰 뿐만이 아니라, 디터 람스의 말을 빌리자면, 기능은 제품을 압도하지 않으면서 디자인에 의해 드러나야 한다. 시각적인 면이 기능적인 면을 자연스럽게 표출한다 하더라도 제품을 사용할 때 사용자들은 기능적인 면만이 아니라 시각적인 면도 즐겨야 한다. 현대의 디자이너들은 두 가지 측면을 전문적으로 조화시킨다.

넨도NENDO
도테 접시Totte-plate, 2015 / by I n

일본 디자이너 사토 오키Sato Oki가 설립한 넨도는 최근 디자인계에서 가장 흥미로운 목소리 중 하나로 여겨진다. 넨도는 오직 제품으로만 눈길을 사로잡는 디자인으로 이미 유명하다. 그들 자신의 말처럼, 넨도의 목표는 사람들에게 '느낌표(!)'의 순간을 제공하는 것이다. "우리는 넨도의 디자인을 접하는 사람들이 직관적으로 이 작은 '느낌표'의 순간들을 느끼도록 하고 싶다." 넨도의 제품은 매우 다양하다. 일례로 넨도의 포트폴리오에는 4백여 개의 프로젝트가 있다. 그중에는 도자기로 만든 식기도 있다. 넨도의 전통에 따라 식기 디자인에 대한 접근에서도 틀에 박히지 않았다. 작은 생활 공간에 맞는 제품을 만든다는 것이 핵심 콘셉트였다. 모든 대도시에서 그렇듯 공간이 부족하면 식기 사용법도 재고하게 된다. 하지만 도테 접시는 음식을 담기에 실용적일 뿐만 아니라 운반도 쉽다.

    손잡이가 가장 큰 특징이다. 주전자나 쟁반 같은 요리 기구와는 달리 식기에는 보통 손잡이가 없다. 한데 넨도는 이 당연해 보이는 사실에 의문을 품고 접시와 그릇에 손잡이(일본어로 도테取っ手)를 달아 새로운 기능을 입혔다. "운반하기 쉽고, 고리를 사용해 걸거나 보관할 수도 있으며, 뜨거울 때 쥐기도 편하다. 덕분에 접시와 그릇을 사용하는 새로운 방법을 만들어 냈을 뿐만 아니라 '도구로서의 단단한 안정감'을 갖게 되었다." 도테 시리즈에는 둥근 접시와 그릇이 있다. 각기 세 가지 사이즈라서 완벽한 한 세트를 구성한다. 색상은 모두 다섯 가지로, 여러 조합으로 사용할 수 있다. 사각형 손잡이는 식기의 둥근 모양과 완벽하게 어울린다. 테두리에 붙어 있는 손잡이는 접시가 뜨거울 때 화상을 피할 수 있는 방책이다. 접시는 벽에 걸 수 있어 찬장이 필요 없다. 좁은 공간에서도 편리하다. 실용적일 뿐만 아니라 디자인이 미니멀하고 색상이 정교하기 때문에 수직으로 보관할 때 벽을 장식하는 용도로도 쓸 수 있다.

에반젤로스 바실리오우EVANGELOS VASILEIOU
놀리Nolly, 2017 / 리네 로제Ligne Roset

놀리는 검은색을 입힌 잿빛 원목 소재 다리와, 서로 겹치는 상판 두 개가 결합되어 있다. 상판 중 아래쪽에 있는 것은 고정되어 있지만 그보다 훨씬 두꺼운, 위에 있는 상판은 회전시킬 수 있다. 기술적으로 더블 디스크와 볼-베어링 조립 방식을 사용했기에 가능하다. 색상의 대조도 (디자인 면에서) 흥미로운 역할을 한다. 움직이는 상판은 점토색이나 라벤더블루로 되어 있어 검은색 베이스와 선명한 대조를 이룬다. 덕분에 시각적으로 산뜻한 느낌을 준다. 위쪽 상판은 전부 펼치면 허공에 떠 있게 된다. 색상이 미묘하기 때문에 이러한 효과가 시각적으로 극대화된다.

높이가 낮은 이 커피 테이블에서 놀라운 점은 절묘한 비례 감각에 있다. 테이블을 다 펼쳤을 때건 아니건 항상 조화로운 모습을 유지함으로써 작은 공간에 완벽하게 어울린다. 테이블을 축소했을 때는 많은 공간을 차지하지 않지만, 위쪽의 회전 상판(전체 넓이가 약 90센티미터)을 펼치면 테이블을 더 넓게 쓸 수 있다. 이렇게 형태를 손쉽게 바꿀 수 있어 매우 간편하다. 어떤 형태를 취하든 보기 좋지만 다 펼쳤을 때의 모습이 인테리어에 보다 활기찬 느낌을 준다. 땅에서도 떠 있고 일반적인 형태의 테이블에서도 떠 있는 회전 디스크는 초현실적인 느낌이다.

움직일 수 있는 상판은 두께 차이가 꽤 난다. 그래서 균형을 잃고 무너질 것 같기도 하다. (물론 느낌일 뿐이다.) 리네 로제를 위해 설계된 놀리 테이블은 어떤 종류의 공간에도 우아함을 더해 준다. 기능적인 것부터 심리적이고 미학적인 것에 이르기까지 모든 종류의 기준을 충족시킨다. 그뿐만 아니라 비례가 잘 잡히고 시크한 디자인으로 실용성도 더했다. 다양한 스타일의 소파나 안락의자와 충분히 어울릴 만큼 보편적인 스타일이다. 아테네에서 태어나 지금은 파리에서 살고 있는 디자이너 에반젤로스 바실리오우는 건축과 제품 디자인을 전공했다. 2005년에 오렐리 크리스토파리Aurélie Cristofari와 함께 건축 및 인테리어 프로젝트를 전문으로 하는 사업을 시작했다. (2년 뒤에는 아테네에 또 다른 사무실을 냈다.) 바실리오우가 선보이는 가구 디자인에 있어 공통된 특징은 끝내주는 비례와 현대적인 실루엣, 그리고 레트로한 감성의 멋진 어울림이다.

헤더윅 스튜디오HEATHERWICK STUDIO
마찰 테이블Friction Table, 2017

국제적인 명성의 헤더윅 스튜디오는 최신형 루트마스터(*런던의 명물인 붉은색 2층 버스)를 비롯하여 수많은 독창적 디자인을 탄생시켰다. 헤더윅 스튜디오는 자신들을 '모두를 위해 우리 주변의 물리적 세계를 더 나은 곳으로 만드는 1백80명의 해결사들'이라고 선전한다. 여러 분야의 인재들이 함께 일하는 이 스튜디오의 작품은 빌딩과 마스터 플랜에서부터 기반 시설 및 물건에 이르기까지 다양하다. 헤더윅 스튜디오는 최대한 긍정적인 사회적 영향력을 가진 프로젝트에 우선순위를 두긴 하지만 하나의 대표적 스타일만을 목적으로 삼지는 않는다. "모든 일을 추진하는 접근 방식은 하나의 고정된 도그마가 아니라 인간의 경험에서 나온다."

마찰 테이블은 좁은 공간에서 저녁 식사나 비즈니스 미팅을 할 때 참석자들의 인원과 관련해 생기는 문제를 해결해 주는 현명한 솔루션이다. 유연성이야말로 이 비범한 테이블의 주된 특징이라 칭할 만하다. 마찰 테이블은 비례를 정밀하게 조절할 수 있는 단순하고 기계적인 격자 장치를 사용한다. 다양한 공간에서의 필요와 다목적 사용이 가능하도록 합성수지에서 응고시킨 여러 장의 종이를 사용해 만들었다. 테이블은 지름 1.8미터의 원형으로, 여덟 명이 앉을 수 있다. 끝까지 펼치면 길이 4미터의 타원 모양이 되면서 더 많은

사람들이 앉을 수 있다. 슬랫slat으로 제작된 격자 구조물은 쉽게 늘릴 수 있어서 필요할 때 잡아당기기만 하면 된다.

흥미롭게도 헤더윅 스튜디오가 크기를 조절할 수 있는 가구에 관심을 갖게 된 건 디자이너들이 다른 디자인 이슈에 대해 생각하고 있을 때였다. 스튜디오는 여러 프로젝트에서 피봇 메커니즘을 실험해 보고 다양한 형태를 탐구한 끝에 관련 기술을 연장 테이블에 사용해야겠다고 결정했다. 전체 과정을 마치는 데 몇 년이 걸렸고 테이블 제작에는 정밀 기술이 포함되었다. 그러나 헤더윅 스튜디오가 강조하듯, 마감 과정을 통해 이 테이블은 수공예 가구가 되었다. 창조적인 해법 찾기, 재료 조사, 제작 시 디테일에 기울이는 노력 등이 스튜디오의 대표적 특징이다. 이 모두가 구현된 마찰 테이블은 스튜디오의 실험적 디자인 작품 가운데 세 번째로 만들어진 작품이다. 한정판으로, 일곱 개만 제작되었다.

SWNA
라이프 클락Life Clock, 2017 / 한국 경기도 주식회사Korea Gyeonggido Company

라이프 클락은 사람들이 긴급 상황에서 살아남는 데 도움을 주기 위해 고안, 설계되었다. 모서리가 둥근 날렵한 몸체 안에는 진짜 자연재해가 발생했을 때 사용할 수 있는 생존 키트가 담겨 있다. 2008년 이석우 디자이너가 만든 산업 디자인 스튜디오 SWNA가 라이프 클락을 디자인했다. "우리는 더 나은 세상을 위해 의미 있는 디자인을 창조하기 위해 노력하는, 엄청나게 열정적인 전문가 집단이다. 우리가 단순히 일차원적인 디자이너가 아니라 사상가이자 혁신가이며 개척자인, 3차원적 정체성을 갖고 있다는 뜻이다."

SWNA는 이 원칙에 충실하게, 누군가의 생명을 구할 수 있는 물체를 디자인했다. 경기도 주식회사는 일련의 자연재해들을 겪고 난 후 SWNA에게 대중을 위한 '재난 안전용품 디자인'을 의뢰했다. 특별한 목적을 위해 만들어진 라이프 클락은 시계 기능 이외에 ICE 카드(인적사항·혈액형·연락처 등을 기재한 카드), 재난 안전 관련 전문가의 자문을 거친 안전 매뉴얼, 실용적인 도구들, 응급 도구들(조명봉, 알루미늄 보온포, 압박 붕대, 호루라기)을 갖추고 있다. 라이프 클락은 가볍고 휴대하기 쉽다. 추가적인 기능이 도드라지지만 디자인

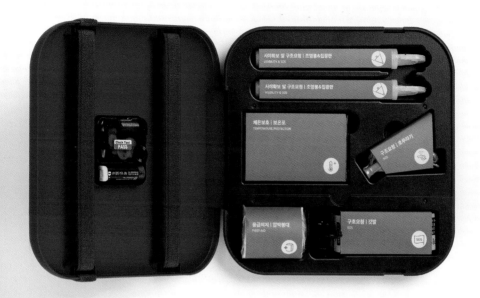

자체는 튀지 않는다. 미니멀하고 현대적인 디자인이라 세련된 인테리어 장식의 부분이 되기에도 충분하다. 세 가지 색으로 출시된 라이프 클락은 디자인이 훌륭한 물건을 좋아하는 사람들에게 완벽하다.

이석우 대표는 이렇게 말했다. "우리에게 재난이 닥칠 수 있다는 점과 재난 용품들이 특별한 물건이 아니라 일상과 공존한다는 사실을 이해하는 것이 중요하다고 생각했다." 어떤 공간에나 필수적인 물건인 시계를 사용함으로써 SWNA의 디자이너들은 사람들이 비상 상황의 가능성을 인지하고, 구명 도구를 집 안의 손 닿는 곳에 두도록 했다. 이 프로젝트에서 응급 키트를 시계에 넣기로 결정한 데는 또 다른 상징적인 측면이 있다. 시간을 알려 주는 물건은 생명을 구하기 위해 시간과 싸워야 하는 상황에서 이상적인 물건이라는 사실 말이다.

감프라테시GAMFRATESI
누보 책상Nubo desk, 2013 / 리네 로제

덴마크 건축가 스타인 감Stine Gam과 이탈리아 건축가 엔리코 프라테시Enrico Fratesi는 독특한 듀오다. 그들은 2006년 코펜하겐에 스튜디오 감프라테시를 열었는데, 이들의 탁월한 디자인 제품에 힘을 불어넣어 주는 요소는 서로의 문화에 대한 지속적인 대화다. 이를 통해 덴마크의 가구와 공예 전통이 이탈리아의 지적이고 개념적인 접근의 전통과 만난다. 두 사람의 작업은 전통의 혼합인 한편, 각 사물은 그것이 안락의자이든 책상 또는 램프이든, 혼성 교배에 대한 독자적 해석의 결과물이다. 서로 다른 두 배경의 혼합은 시각과 개념 양 측면에서 흥미롭다. 그뿐만 아니라 감프라테시의 미니멀리즘적 미학과 재료 실험에 대한 열정은 세련된 효과를 낳는다. 전통적 솜씨에 대한 헌사이기도 하다. 감프라테시 공식 사이트에는 다음과 같은 문구가 있다. "우리의 목표는 가구를 만드는 과정과 기술이 드러나는 가구, 화음과 불협화음 사이에 가로놓인 다양한 경계 지대에 대한 끈질긴 탐구를 반영하는 가구를 만드는 것이다."

감프라테시는 리네 로제를 위해 공간을 절약해 주는 벽걸이용 책상을 디자인했다. 리네 로제는 이렇게 설명한다. "누보의 경우 익숙한 것과 놀랍도록 새로운 요소 사이의 예기치 못한 마주침으로부터 경이로운 미학이 탄생한다. 단순하고 공간을 절약해 주는 벽걸이 선반이 1960년대 팬아메리칸월드 항공사의 푸른색 여행 가방을 연상시키는 귀중품 상자로 변신한다."

누보를 펼치면 작업할 수 있는 공간만이 아니라 특별한 받침대 뒤편에 물건을 보관할 수 있는 공간도 나온다. 누보를 닫으면 공간을 추가로 확보할 수 있는 한편으로 디비나Divina 울에 싸인 바깥 부분이 벽을 장식한다. 울의 하늘색 색상은 스칸디나비아 빈티지 레지스트리에서 나온 것이다. 오크 무늬 너도밤나무 합판으로 된 전체 구조의 자연스러운 색조와도 잘 어울린다. 형태라는 측면에서 볼 때, 누보 책상은 모서리를 둥글게 처리해 레트로 시크의 분위기를 자아낸다. 껍데기는 실용적이고 구조는 울로 된 덮개와 보기 좋은 대조를 이룬다. 이를 통해 재료에 대한 두 사람의 감각을 드러낸다. 두 개의 접이식 금속 지지대를 사용해 열기 쉽고, 마그네틱 캐치를 사용해 쉽게 닫을 수 있으며, 케이블을 넣을 수 있는 슬롯도 갖추고 있다. 누보 책상은 어느 한쪽이라고 말하기 힘들 정도로 기능적인 작업대인 동시에 장식적인 물건이다.

콘스탄티노스 호우르소글로우CONSTANTINOS HOURSOGLOU
bOx, 2013 / 시부이Shibui

일본어 시부이渋い는 단순하고 수수한 아름다움에 대한 미학적 관점을 뜻한다. 스위스에 자리 잡은 동명의 브랜드는 그리스 출신 디자이너들인 콘스탄티노스 호우르소글로우와 아타나시오스 바바리스Athanasios Babalis가 설립했다. 이들은 지속 가능하고 단순한 가정용품과 액세서리를 만든다. 시부이의 두 설립자의 이야기는 다음과 같다. "우리에게 시부이란 모든 형태에 기능이 있고 모든 디테일에 목적이 있는, 자연과 조화를 이루는 디자인을 뜻한다. 유럽의 전문적인 공예인들이 수작업으로 만드는 우리 제품은 우아하고 실용적인 물건을 누구에게나 접근 가능한 것으로 만들고자 하는 열망에서 비롯한다."

호우르소글로우의 bOx는 브랜드의 철학을 가장 잘 보여 주는 사례다. 자연 소재를 사용한 다른 디자인과 마찬가지로 처음부터 오래 기능하게 제작되었다. bOx는 보석이나 시계를 보관하기에 적합하도록 잘 설계된 매우 실용적인 모듈형 박스다. 중심부에는 반지, 커프 링크스, 그리고 기타 작은 아이템들을 넣을 수 있다. 뒤집을 수 있는 중간 부분에는 다양한 크기의 목걸이나 시계를 담는다. bOx는 남성과 여성 모두에게 완벽한 액세서리다. 정확하고 훌륭한 디테일로 만든 수공예품으로 단순함과 유용함이 잘 결합되었다. 뚜껑을 닫으면 안에 들어 있는 액세서리만큼이나 장식적이고도 간결한 물건이 된다. 나무를 멋지게 다듬어 만든 용기의 순수하고 간결한 실루엣은 자연스러운 아름다움이 돋보인다. 나무는 보석을 우아하게 전시하는 데 완벽한 소재이기도 하다. 디자이너는 박스 세 개의 크기를 조절해 각기 개별적인 공간들로 구분되는 하나의 시스템을 만들고, 겉모양은 더욱 매력적이게 만들었다. 겉모양은 미니멀하고 내부는 복합적이어서 귀중품을 보관하기에 실용적인 공간을 제공한다. 조화로운 기하학적 구조와 천연 재료가 핵심적인 한편, 눈으로 확인할 수 있는 bOx의 높은 품질은 그것이 수공예품이라는 사실에서 기인한다. 미학적이고 실용적인 기능 이외에 디자인 또한 지속 가능하다. 시부이 브랜드의 가장 중요한 가치 중 하나다.

아테네에서 태어난 호우르소글로우는 영국 로열 칼리지 오브 아트에서 산업 디자인을 공부하고 카림 라시드 밑에서 일했다. 2002년에 고향에 스튜디오를 설립했고, 2007년 이후로는 스위스 제네바에서 살고 있다.

필립 니그로PHILIPPE NIGRO
드레수아 아 테-레 큐리오시테 Dressoir à thé-Les Curiosités, **2014**
에르메스Hermès

필립 니그로의 신조는 '놀라우면서도 설득력 있는 사물을 통해 일상을 되돌아보는 것'이다. 이 유명한 프랑스 디자이너는 장식 미술과 제품 디자인을 공부했는데, 1999년 이후로는 독립적인 디자이너로 일하는 한편 이탈리아 건축가이자 디자이너인 미켈레 데 루키Michele De Lucchi와 조명, 가구, 인테리어 디자인 등 여러 프로젝트를 공동 작업해 오고 있다. 데 루키는 이런 말을 남겼다. "장래성 있는 연구와 제조업체의 노하우에 대한 실용적 접근을 연결하는 것으로 유명한 필립 니그로는 유명 브랜드냐 럭셔리 산업이냐 지역 공방이냐를 따지지 않고 다양한 규모의 프로젝트들을 종횡무진한다."

　프랑스의 럭셔리 제조업체 에르메스는 최고의 디자이너들과 협업해 좋은 결실을 맺는 것으로 유명하다. 2014년에는 필립 니그로와 손잡고 에르메스 큐리오시테(*골동품) 시리즈를 출시했다. 이 시리즈는 수년간 여러 디자이너에 의해 해석되었다. 그 결과 중 하나가 니그로가 컵, 쟁반, 주전자, 차통 등 차를 즐기는 데 필요한 필수 아이템을 위한 격조 있는 캐비닛을 만들기로 결정하면서 탄생한 드레수아 아 테다. 큐리오시테의 캐비닛은 전통적으로 물건들과 표본들을 지질학 또는 민속지학 등 특별한 범주로 구분해 수집해 왔다. 드레수아 아 테도 기본적으로 같은 개념을 따르지만, 차를 마시기 위한 우아한 자기 같은 일상적인 물건들에 초점을 맞춘다. 캐비닛을 닫으면 그리 눈길을 끌지 않는다.

이중으로 된 문을 열면 비로소 다양한 크기와 모양의 컵과 쟁반뿐 아니라 찻주전자, 설탕 그릇, 우유병처럼 조금 더 큰 물건도 수납할 수 있는 수많은 작은 선반, 분리대, 서랍장 등 눈을 즐겁게 하는 내부 인테리어가 나타난다. 공간 활용이 대단히 효율적이어서 심지어 문 안쪽도 영리한 디스플레이의 일부분이다. 복잡하지만 완벽하게 조직된 내부는 정확하게 계획되어 있다. 또한 니그로의 캐비닛은 형태와 밝지 않은 색상이 정교한 균형을 이룬다. 외양에서 비례가 중요한 역할을 하더라도 디자이너는 내부에 기하학적 리듬을 완벽하게 사용하고 있다. 같은 해에 디자이너는 또 다른 '큐리오시테 캐비닛'을 설계했는데, 이번에는 신발장이었다. 코프레 아 쇼슈르Coffre à chaussures는 신발과 모든 액세서리를 수납할 수 있는 편리하고 매우 실용적인 방법이다.

아릭 레비ARIK LEVY
도구 상자Toolbox, 2010 / 비트라Vitra

도구 상자는 집이나 사무실에 놓인 액세서리보다는 손재주가 좋은 사람을 연상시킨다. 그러나 도구 상자의 실용적인 잠재력을 파악한 아릭 레비는 활달한 특징을 갖춘 가정용 액세서리로서의 도구 상자를 디자인하기로 결정했다. 비트라가 만든 도구 상자는 다양한 색상을 갖추고 있어 어떤 인테리어에도 어울린다. 잡기 쉬운 손잡이가 달려 있고, 직사각형 모양은 완벽하게 진짜 도구 상자를 바탕으로 한다. 내부에는 작은 아이템은 물론 액세서리를 저장할 수 있는 무수히 많은 다양한 크기의 칸막이가 있다. 그러나 사용자는 내부에 특별한 순서를 정할 필요가 없다. 레비의 도구 상자는 크기가 작아서 테이블이나 선반에서 많은 공간을 차지하지 않는다. 한 곳에서 다른 곳으로 쉽게 옮길 수도 있다. 휴대형 수납공간으로 일부 아이템을 다양한 방에서 사용하고 싶을 때 특히 유용하다. 예를 들어 도구 상자를 작업하는 데 필요한 모든 것과 문구를 갖춘 움직이는 사무실로 변형시킬 수 있다. 주방 용기 수납장으로도 완벽하다. 공구를 담는 상자로도 쓸 수 있다. 책상이나 캐비닛, 작업장에서 물건을 정리하는 게 이처럼 쉬운 적은 없었다. 전시하기에 충분할 정도로 독창적인 외관을 갖지만 실용적인 크기 덕분에 바깥으로 덜 노출된 공간에도 놓을 수 있다. 레비가 비트라를 위해 만든 도구 상자는 틀림없이 어떤 상

황이나 공간에서도 꼭 필요한 정리용품으로 제 역할을 해낼 것이다. ABS 플라스틱으로 만들어져서 청소하기에도 편하고 보기에도 좋다.

　이스라엘 텔아비브에서 태어난 아릭 레비는 스위스 라투르드페일의 아트 센터 디자인대학에서 산업 디자인을 공부했다. 이후 1997년에 피포 리오니 Pippo Lionni와 함께 파리에서 L 디자인이라는 이름의 독립 스튜디오를 설립했다. 레비는 다양한 분야를 횡단하며 일했고, 조각과 설치부터 산업 디자인과 하이테크 의복에 이르기까지 실로 광범위한 프로젝트를 수행 중이다. (현대 무용 공연을 위한 무대 세트 디자이너이기도 하다). 사무용품에 초점을 맞추고 있는 비트라와 레비의 협업은 2000년 이후부터 발전해 왔다. 다양한 분야를 넘나드는 그는 모든 분야에서 독창적인 콘셉트를 내놓는다.

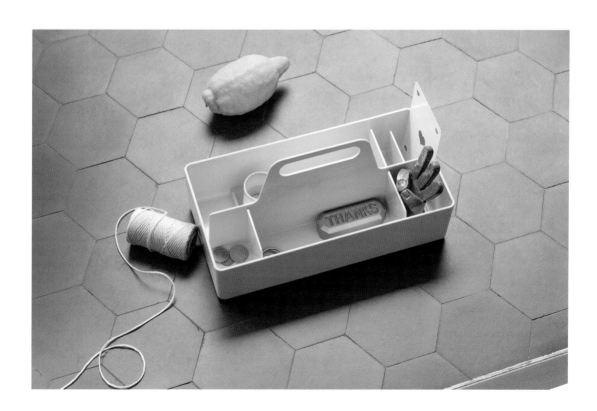

케이스케 카와세KEISUKE KAWASE
인사이드아웃Insideout, 2017

일본 디자인계의 떠오르는 스타, 인테리어 건축가이자 디자이너인 케이스케 카와세는 공간 정돈에 관한 재미있는 아이디어로 명성을 얻었다. 그의 특징인 기하학적 모양은 인테리어에 흥미로운 흐름을 도입한다. 인사이드아웃은 경쾌하고 리듬감 있는 공간 구성을 위한 독립형 모듈식 선반이다. 선반과 칸막이가 하나로 된 구조여서 기능성이 높으며, 여러 개를 쌓을 수도 있다. 각각의 유닛은 나무 프레임과 후면 패널로 구성되어 있다. 선반의 슬랫이 리듬감 있게 구분되어 있기 때문에 열린 구조와 닫힌 구조에서 생기는 재미가 배가된다. 이 같은 공간적 분리 구조는 카와세가 특수한 인테리어적인 필요에 맞게 개성적인 배치를 할 수 있도록 단일 유닛을 뽑아내 일반적인 선반을 해체한 것처럼 보인다.

　다른 많은 디자이너들의 프로젝트와 마찬가지로 인사이드아웃에서 중요한 요소는 사용자와의 상호 작용이다. 카와세에 따르면 사용자와 가구의 관계를 창조하는 것은 디자이너의 목표 중 하나다. 그의 말을 빌리자면 "실제 공간에서 사용자와 가구의 대화를 통해 정서적 가치가 창조되기" 때문이다. 사용자는 선반을 다양한 조합으로 구성해서 자신만의 개성적인 수납 또는 공간 분할 시스템을 만들 수 있다. 또 이 시스템은 공간에 맞추어 쉽게 바꿀 수 있다. 인사이드아웃은 한쪽을 완전히 닫고 다른 쪽을 열 수도, 더욱 복잡한 독자적 구조를 만들 수도 있다. 최종적인 선반 구획의 넓이와 높이는 사용자의 선택이나 차지하는 공간에 따라 달라진다. 마지막으로 빼놓을 수 없는 것은 색상별로 다양한 선택지가 있다는 점이다. 사용자가 한 가지 색상을 좋아하든 어두운 색과 밝은 색이 섞인 것을 좋아하든 관계없이 초록색과 베이지색 유닛이 있다.

　현대의 인테리어는 종종 매우 유연하고 창조적인 접근을 요구한다. 칸막이는 특히 로프트나 개방형 사무실처럼 규모가 큰 인테리어에서 보다 효율적인 공간 관리를 가능하게 한다. 카와세의 디자인은 벽을 세우는 데 다양한 대안을 제공한다. 또 다른 장점은 언제나 수요가 많은 수납 능력이다. 칸막이와 다양한 아이템을 수납할 수 있는 널찍한 선반을 결합함으로써 실용적 가치를 높인다.

미니멀룩스 MINIMALUX
필 튜브 Pill Tube, 2017

런던에 있는 브랜드 미니멀룩스는 심미적으로 탁월하고 미니멀한 물건을 전문으로 만든다. 단순한 디자인과 우아한 재료는 정교한 작품을 만드는 비결이다. 타마라 카스페르스 Tamara Caspersz와 함께 미니멀룩스를 공동으로 창립한 마크 홈스 Mark Holmes는 이렇게 설명한다. "오래가는 재료와 완벽한 마무리와 결합된 미니멀한 접근. 우리는 호화로움이나 퇴폐미를 기반으로 하는 게 아닌, 정당한 재료와 건전하고 영원한 가치를 기반으로 하는 럭셔리의 개념을 시장에 제공하고 싶었다."

미니멀룩스는 오늘날의 최고의 공예가들과 함께 일한다. 수작업으로 마무리하는 제품은 최고의 품질을 자랑한다. 미니멀룩스가 만들어 낸 일상용품들 중에는 아름답고 유용한 제품들이 많다. 필 튜브도 그중 하나다. 시험관처럼 생긴 이 휴대용 용기는 손바닥만한 크기(100x16x16밀리미터)다. 필 튜브의 모양과 크기는 사용자가 다양한 알약을 편리하게 휴대하는 데 적합하다. 알약 용기는 필수 불가결한 물건이지만 약을 담는 상자가 미적으로 뛰어난 경우는 드물다. 그래서 사람들은 알약 용기를 숨긴다.

필 튜브를 통해 알약 용기는 도금 또는 비도금 마감 중 하나를 선택할 수 있는 품격 있는 액세서리로 변모한다. 미니멀룩스는 알약을 먹는 경험을 새롭게 재창조하는 제품을 만드는 데 집중한다. 필 튜브처럼 아름다운 물건을 사용하면 날마다 약을 먹는 행위도 훨씬 산뜻한 일이 된다. 생산 과정도 상당히 매혹적이다. 순수한 구리로 전기 주조한 뒤 손으로 정밀하게 광택을 낸다. 홈스는 이렇게 설명한다. "필 튜브는 구리 입자가 가득 들어찬 탱크에서 문자 그대로 자라난다. 하나가 형태를 완전히 갖추는 데 하루가 걸린다." 용기를 밀폐하는 코르크 마개는 튜브 몸체와 시각적인 대조를 이루는 멋지고 실용적인 마무리다. 코르크 마개는 알약을 잃어버리지 않도록 효과적으로 막아 준다. 필 튜브의 디자인은 실용적인 면과 미학적인 면이 완벽한 조화를 이룬다. 미니멀룩스 제품 디자인에 대한 홈스의 말은 필 튜브에 대해서도 정확하게 맞아떨어진다. "이 제품들은 장악하기 위해 만들어지지 않았다. 이들만의 공통된 특징들로 당신의 세계에 '양념을 더해 주는' 것이 목적이다. 우리 제품은 작은 물건들이지만 큰 차이를 만든다."

좋은 디자인은 아름답다

"제품의 미적 수준은 그 유용성에 있어 핵심 요소다. 일상에서 사용하는 제품들은 우리의 성격과 행복감에 영향을 주기 때문이다. 그러나 오로지 잘 만들어진 물건만이 아름다울 수 있다."

_디터 람스Dieter Rams

유용함은 아름다울 수 있고, 또 아름다워야만 한다. 이 두 가지 기준이 모든 디자인 제품과 우리와의 관계를 정의하기 때문이다. 우리를 둘러싼 것들은 우리 일상에 직접적으로 영향을 미친다. 우리는 우리가 사용하는 도구들을 신뢰할 수 있다는 사실을 알고 있을 때, 그리고 그 도구들이 우리의 필요를 정확히 만족시켜 주며 우리의 존재를 효과적으로 뒷받침해 줄 때 비로소 만족감과 자신감을 얻는다. 그러나 물건이 주는 미적인 즐거움 역시 그만큼이나 중요하며 실용성을 보완한다. 미학은 자체로 끝나는 게 아니라, 물건의 기능적 면을 아우를 때에야 진정 필수적인 역할을 수행한다. 미학은 사용자에게 활기를 줄 수도 있고, 삶의 속도를 조절할 수도 있으며, 심지어 스트레스를 낮출 수도 있다. 단순하고 우아한 동시에 유용한 디자인 제품들로 채워진 실내는 그와 비슷한 삶의 방식을 의미한다. 기술과 소재의 발전 덕분에 유용성과 결합된 미학은 더욱 실험적인 접근이 가능해졌다. 어떤 경우라도, 실용성은 분명 더 이상 꼴사나움과 동의어가 아니다.

데켐 스튜디오DECHEM STUDIO
페노미나Phenomena, 2017 / 봄마Bomma

봄마는 예술적 경지의 조명을 만들겠다는 포부 아래 2012년에 설립된 체코의 유리 제작 브랜드다. 몇 세기에 이르는 동부 보헤미아 지역의 유리 가공 전통과 초현대식 기술을 결합한 이 브랜드는 여러 차례 재능 있는 디자이너들과의 협업을 시도했다. 봄마 제품의 핵심은 최고 품질의 구현만이 아니라, 미적인 면에도 있다. 3백여 명의 기술자로 이루어진 팀이기도 한 봄마의 주장은 다음과 같다. "봄마는 정제되고, 극도로 투명한 크리스털을 매일 6톤씩 생산한다. 정확한 용해와 측정을 위한 하이테크 맞춤 제작 설비가 있기 때문에 우리의 공예 기술자들은 수작업 마무리에 자신들이 가진 최대치의 잠재력을 발휘할 수 있다. 덕분에 제품들을 항상 훌륭하고 빼어나게 만들 수 있다."

유리는 다루기 까다로운 소재지만 솜씨 좋게 다루기만 한다면 세련되고 독특한 물건을 탄생시킬 수 있다. 봄마의 포트폴리오에서 제품화된 가장 빼어난 상품 중 하나는 페노미나(*현상) 컬렉션이다. 원, 삼각형, 사각형 및 타원 등 단순한 형태에서 영감을 받았다. 기하학적 실험은 세련된 컬러 전개로 한층 훌륭해졌다. 부드럽게 둥글려진 각각의 형태들은 저마다 다른 색으로 표현된다. 사용된 소재의 품질과 유리 세공 과정의 독특함이 색조의 변화에 영향을 준다. 색들의 채도는 각기 다르지만 빛나는 램프들을 통해 분산된 빛은 꽤나 시적인 분위기를 만든다. 몇 개를 같이 달 수도, 하나만 달 수도 있도록 디자인된 페노미나 컬렉션은 공간을 마법처럼 바꾼다. 봄마의 디자이너들은 "페노미나라는 단어는 그리스어 '모습appearance'에서 유래되었다. 이 형태들은 여러분이 최초로 보는 것들이다"라고 설명한다. 그리고 "플라톤의 관념 철학에서, 페노미나는 영원 및 완벽한 형태들과 유사한 것일 뿐이지 일시적인 것으로 진정한 실재가 아니다"라고 덧붙였다.

　　프라하에 본사를 둔 데켐 스튜디오는 2012년에 미카엘라 토미스코바Michaela Tomiškova와 야쿱 얀두렉Jakub Jandourek이 설립했다. 미카엘라 토미스코바는 노비 보르 유리세공학교를 졸업한 후 프라하 예술원에서 공부했다. 야쿱 얀두렉은 조명업계의 여러 유명 디자인 스튜디오들에서 일했다. 두 사람은 독특한 수제 유리 제품을 만드는 데 집중했으며 디자인 및 생산상의 복잡한 요소들을 훌륭히 조합해 냈다. 조명 기구 및 고정 설치를 해야 하는 조명을 작업할 때, 데켐은 전통적인 생산 기법과 아름다운 형태를 조합하되 우아하면서도 최소한의 형태에 방점을 두어 '재료 특유의 광학적 색조가 빛나 보이도록' 하는 데 목표를 둔다.

노에 뒤쇼푸-로랑 NOÉ DUCHAUFOUR-LAWRANCE
아쿠아 서핑보드 Aqua Surfboard, 2018 / NDL 에디션즈 NDL Editions

"파도를 타려면 지식, 통제력, 그리고 좋은 운동 신경도 필요하다. 여기에 수채화에서 아주 자연스럽고 시적으로 흐릿해지도록 색을 칠하는 기법처럼 물을 통제하는 능력이 필수다. 아쿠아 서핑보드는 파도를 위해 디자인된 제품이다." 이토록 멋진 제품 설명은 뛰어난 프랑스 디자이너들 중 하나인 노에 뒤쇼푸-로랑이 NDL 에디션즈를 위해 디자인한 아쿠아 서핑보드를 설명한 글이다.

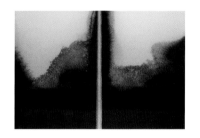

사실 서핑보드는 디자이너들이 자주 선택하는 물건은 아니다. 하지만 뒤쇼푸-로랑을 통해 조각 작품 같은 멋진 형태를 갖게 되었다. 그의 다른 작품들처럼 이 제품 역시 디자이너가 학교에서 조소를 배웠음을 보여 준다. (뒤쇼푸-로랑은 조소 공부를 한 다음에 장식예술학교에서 가구 디자인을 전공했다.) 그의 추천서에는 "뒤쇼푸-로랑의 조각 작품은 과거에 대한 존중을 보여 주는데, 선의 단순함과 오랫동안 지속되는 물건을 만들고자 하는 진정한 열망이 결합되어 나타난다"고 쓰여 있다. 이론과 실제 소재를 다루는 분야 모두에서 폭넓게 활동해 온 뒤쇼푸-로랑은 주로 자연에서 영감을 얻는다. 가구, 가정용 장식품 또는 인테리어 등을 작업할 때는 유기적 세계를 참고하는데, 이는 상당히 강렬하고 복잡하다. 또한 관찰에 탁월한 감각을 갖추었다. 그것은 자연의 형태를 일상에서 사용하는 물건으로 가져오는 능력과 완벽하게 맞물린다. 아쿠아 서핑보드는 파도와의 교감을 위해 디자인되었으며 자연의 관념으로 채워졌다. 광택이 흐르는 독특한 보드의 표면은 마치 물의 움직임에 반응하는 것처럼 보인다. 빛에 의해 그렇게 보이는 면도 있다. 부드럽고 둥글게 다듬어진 형태와 더불어 색이 주는 훌륭한 효과 덕분에 보드는 단단한 제품이라기보다는 바다 생물 같은 유기적인 느낌을 주며, 이런 이유로 물과도 완벽한 조화를 이룬다. 이 제품에서 자연의 형태는 최상의 장인정신을 만났으며, 그 결과 시각적으로 환상적인 보드가 태어났다.

뒤쇼푸-로랑은 어떤 분야에서건 자신의 디자인을 환경과 순조롭게 섞이도록 만드는 기술을 완벽히 터득했다. "하나의 물건은 다른 것을 만들지 않고도 그에 대응하는 하나의 필요를 충족시켜야 할 선천적 의무가 있다. 이 절대적인 필요성에서부터, 물건은 의미와 감정을 담는 그릇이 되어야 한다." 실제로 그는 모든 물건의 디자인에 아주 개별적으로 접근하고 작업을 진행한다. 형태와 소재는 어떤 보편적인 스타일과도 다르게 사용되, 각각의 프로젝트가 갖는 특정 필요성을 반영하는 완벽한 언어를 만드는 작업이라 할 수 있다.

스튜디오 오리진STUDIO ORIJEEN
컬러 플로우Colour Flow, 2016

서울에 자리 잡은 디자인 스튜디오 오리진은 2015년에 디자이너 서진이 설립
했다. 가구, 제품, 공간 및 콘셉트 리서치 디자인 등 다양한 분야에서 광범위
한 프로젝트들을 작업하고 있다. 주로 사람과 물건 및 환경과의 관계에 초점
을 맞춘 작품들을 선보이는데, 컬러 플로우는 지금까지 스튜디오 오리진에서
선보인 뛰어난 작품들 중에서도 가장 눈에 띄면서도 시적인 작품이라고 할
수 있다. 옷장 표면은 마치 렌즈처럼 되어 있다. 사용자의 위치나 움직임에
따라, 말 그대로 색을 바꾼다. 컬러 플로우는 단순히 컬러풀한 가구가 아니다.

인터랙티브interactive 디자인은 실제 사용자가 있어야 해당 디자인이 보여 줄
수 있는 최대치를, 그리고 극도로 아름다운 잠재력을 보여 줄 수 있다. 이 제
품은 사용자가 다양한 각도에서 볼 때마다 색깔이 바뀌는 장관을 선사하기
에 매순간 인테리어가 달라진다. 오리진의 옷장은 노랑에서 파랑까지 카멜레
온처럼 다양한 색을 펼친다. 디자이너의 목표는 우리들, 사용자들, 그리고 우
리를 둘러싼 물건들의 관계, 즉 우리가 일상에서 존재하는 방식을 강조하는
것이었다. 서진은 이렇게 말한다. "사용자의 위치와 움직임에 따라 색이 바뀌

면, 사용자는 즉각적으로 가구와 자신과의 연결을 인지할 수 있다. 이를 통해 사람들은 보다 역동적이고 즐겁게 가구를 경험할 수 있을 것이고, 소통할 수 있다."

　마법과도 같은 효과는 투명한 플라스틱 시트를 독창적으로 사용했기에 가능했다. 시트 한 면에는 작은 볼록렌즈들이 장착되어 있고, 다른 면은 매끈한 표면을 갖는다. 렌즈들은 표면이 2차원인 것처럼 깊이감이 있는 듯한 착시를 일으킨다. 이 독특한 가구를 가진 이들은 실내에서 돌아다닐 때마다 가구가 다른 색으로 보일 것이다. 공간에 들어오는 빛에 따라서도 다른 느낌으로 빛난다. 흔하지 않은 곡선 형태는 옷장이 반짝이는 효과를 극대화하고 색깔의 변화를 더욱 환상적으로 보이도록 한다. 그리고 곡선미 있는 선은 다양한 각도에서 제품의 뛰어난 볼륨감에 감탄을 자아낸다. 내부는 목재로 되어 있다. 여느 옷장과 다를 바 없는 모습으로, 사용법도 똑같다. 렌즈를 적용한 컬러 플로우 컬렉션에는 타원형 캐비닛도 있는데, 옷장과 비슷한 느낌의 곡선이 사용되었다. 네 개의 작은 다리가 받치고 있는 이 제품들은 빨간색, 보라색 및 마젠타 색깔로 놀라움을 더하며, 보고 있으면 그야말로 눈이 즐거워진다.

모니카 푀르스테르MONICA FÖRSTER

멜란지 라운지체어Melange Lounge chair, 2018 / 비트만Wittmann

모니카 푀르스테르는 굴지의 스웨덴 출신 디자이너 중 하나다. 스톡홀름에서 활동하는 그녀는 전 세계의 수없이 많은 브랜드들과 협업하며 절묘한 가구들을 여럿 디자인했다. 2015년부터는 다양한 디자인 회사들의 크리에이티브 어드바이저로도 일한다. 형태, 그리고 최상의 품질에 대한 뛰어난 감각이야말로 푀르스테르 스타일을 정의한다고 하겠다. 소재와 기술 모두를 실험하며 특징지어진 것이기도 하다. 푀르스테르는 현대적인 외관과 전통 공예 기술의 접목을 즐긴다. "때로 나는 형태에 흥미가 없다고 이야기하기도 하지만 완전히 진심은 아니다. 내가 말하고자 하는 것은 각각의 프로젝트 뒤에 숨은 아이디어들이 더욱 중요하다는 점이다. 아이디어가 결정된 다음에는 형태, 색깔, 디테일에 초점을 맞춘다."

명확한 선과 빼어난 형태는 비트만을 위해 디자인한 멜란지 라운지체어의 DNA와 같은 요소다. 누군가가 푀르스테르의 스타일을 꽤나 정확하게 표현한 바에 따르면, 그의 스타일은 '빈의 전통에 스칸디나비아의 솜씨가 섞인' 것이다. 부드럽고 곡선미 있는 시트, 그와는 별개로 벨벳처럼 부드러운 가죽으로 된 등받이는 이상적인 편안함과 적절한 휴식을 제공한다. 가장 작은 디테

일 하나까지 세심하게 계획되었다는 점에서 형태와 소재에 대한 푀르스테르의 타고난 감각을 엿볼 수 있다. 멜란지 체어의 가죽으로 된 등받이와 쿠션은 다양한 색 가운데 선택할 수 있다. 흑백 톤이나 서로 대조를 이루는 색도 가능하다. 시트의 소재들과 비교해 의자의 구조는 매우 가벼워 보이는데 목재 또는 금속 소재로도 출시되었다. 목재는 보다 편안한 인상을 주는 반면에 금속 소재는 편안한 시트가 바닥 위에 둥둥 떠 있는 것처럼 보인다. 이 라운지 체어는 소규모 컬렉션의 일부로, 컬렉션에는 소파 및 브리지 테이블, 스툴 테이블 및 핸들 테이블로 구성된 세 개의 테이블도 있다. 모든 아이템은 독립적인 제품이나 같은 컬렉션의 다른 제품들 옆에 배치했을 때 서로를 보완한다. 비트만의 설명은 이렇다. "요제프 프랑크Josef Frank(*스웨덴 출신의 건축, 가구, 인테리어 분야의 거장 디자이너)가 세운 전통을 비롯해 어떤 사조에서도 자유로운 멜란지 컬렉션은 전통과 현대, 장인정신과 정확한 엔지니어링 사이의 완벽한 균형을 파고들었다." 푀르스테르는 작은 공간에서 이루어지는 동시대적이고 유목민적인 삶의 방식을 염두에 두고 이 컬렉션을 디자인했다. 멜란지 라운지체어는 컬렉션에서 가장 강렬한 디자인이며, 아름답다고밖에 달리 표현할 수 없다.

파트리샤 우르퀴올라PATRICIA URQUIOLA,
페데리코 페페FEDERICO PEPE
크레덴차Credenza, 2016 / 에디션즈 밀라노Editions Milano

스페인 출신으로 이탈리아 밀라노를 기반으로 활동 중인 파트리샤 우르퀴올라는 원래 건축학도였다. 아킬레 카스티글리오니Achille Castiglioni 및 비코 마지스트레티Vico Magistretti 등의 디자이너들과 일한 후, 2001년에 스튜디오를 설립했다. 그녀는 상당수의 국제 회사들과 협업했으며, 2015년부터는 카시나Cassina 의 아트 디렉터로도 일하고 있다. 세계적인 명성을 얻은 파트리샤 우르퀴올라의 작업은 제품 디자인, 건축 및 설치 등 광범위한 프로젝트들 모두에 초점이 맞추어져 있다.

페데리코 페페는 예술가이자 그래픽 디자이너, 영상 제작자 겸 타이포그래퍼다. 다방면으로 창의적인 활동을 하게 된 것에 대해 "나는 광고를 통해 일을 시작했다. 오래 지나지 않아서 돈을 받고 하는 일에서는 내가 표현하고 싶은 것을 모두 표현할 수 없고 하고 싶은 것을 모두 할 수 없다는 사실을 깨달았다"라고 설명한 바 있다. 마우리치오 카텔란Maurizio Catellan이나 피에르파올로 페라리Pierpaolo Ferrari 같은 유명 예술가들과 진행한 협업 외에도 아트 매거진《르 딕타퇴르Le Dictateur》를 발간하기도 했다.

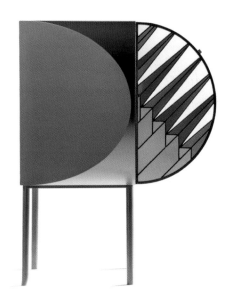

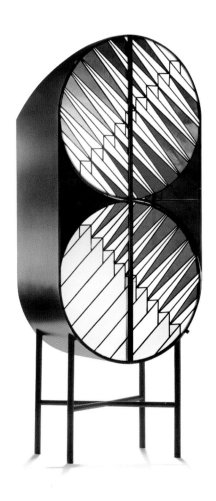

우르퀴올라와 페페는 팀을 이루어 이 세련된 캐비닛들을 디자인했다. 교회의 스테인드글라스에서 영감을 얻은 제품이다(우연하게도 이탈리아어로 '크레덴차'는 '믿음', '신념'이라는 뜻이다). 우르퀴올라는 게르하르트 리히터가 그린 쾰른 대성당 등 성지의 창문에서 영감을 얻었다. 제품을 생산한 회사인 에디션즈 밀라노의 설립자는 "언제나 교회의 스테인드글라스와 연관된 무언가를 하고 싶었다"라고 이야기한 바 있다. 이 독특한 협업의 결과는 몇 세기 동안 이어진 납유리 공예 기술과 이탈리아 특유의 공예 기술로 만든 동시대적 문양의 매우 성공적인 결합이었다. 색유리를 통과하는 빛이야말로 수평과 수직 모델 두 가지 모두의 핵심 요소다. 기하학적 형태의 변주로 된 문양은 페페의 그래픽 기술을 보여 주며, 만화경을 연상시킨다. 삼각형, 원형 및 사각형의 화려한 상호 작용은 선별된 색들 덕분에 더욱 돋보인다. 또한 눈에 잘 보이지 않는 연결 부위는 기하학적인 디자인을 해치지 않고도 쉽게 문을 열 수 있게 한다. 눈부신 스테인드글라스 판에 모든 이목을 집중시키기 위해, 이 제품은 미니멀하면서도 진부하지 않은 타원형 구조로 제작되었다. 크레덴차는 원시적 형태와 정제된 색깔의 세련된 조합이다. 한정 수량으로 생산된 캐비닛 외에 파티션도 크레덴차 컬렉션으로 출시되었는데, 역시 다양한 색상의 스테인드글라스 기술이 사용되었다.

토마스 알론소TOMÁS ALONSO
프리즘 보울Prism Bowl, 2016 / 아틀리에 스와로브스키 홈Atelier Swarovski Home

아틀리에 스와로브스키 홈은 유명 디자이너들과의 혁신적인 파트너십에 자부심을 갖는 브랜드다. 이들은 소재의 경계를 확장해 극적인 효과를 낸다. 크리스털로 작업한 제품들 가운데 이 아틀리에의 포트폴리오에 있는 것들보다 훌륭한 결과물은 찾을 수 없을 것이다. 아틀리에 스와로브스키 홈과 작업한 게스트 디자이너 중 한 명인 토마스 알론소는 범세계적인 재능을 가진 인물이다. 그는 크리스털과 대리석 프리즘을 사용해 획기적인 쟁반, 꽃병 및 센터피스 등 이 책에 소개된 연작들을 만들었다. 알론소는 "이 크리스털 오브제들은 집을 위한 주얼리와 같다"고 했다. 실제로 강렬한 색을 띤 크리스털과 고풍스러운 대리석의 조합은 인테리어 디자인에서 독보적으로 고급스럽다. 그는 놀라운 색 효과를 내고자 바랐는데, 이를 위해 다양한 색깔을 띤 크리스털 프리즘을 정교한 각도로 깎아 대리석 바닥에 둥글게 돌려 가며 붙였다. 그로 인해 시각적으로 정신이 혼미해질 정도로 화려한 느낌을 준다. 사용자가 움직이면서 이 독특한 오브제를 다양한 각도로 바라보면, 크리스털이 빛줄기에 따라 반응하듯 그림자와 색이 이루는 아름다운 장관을 볼 수 있다.

우리를 둘러싼 물건들과 공존하는 방식, 그들과의 관계를 정립하는 방법은 알론소가 최근 시행 중인 작업의 화두다. 빛을 반사하는 프리즘 보울의 보석과도 같은 광택은 디자이너 특유의 생생한 컬러 플레이를 만나 더욱 돋보인다. 보석처럼 연마된 스와로브스키 크리스털은 다양하고 서로 대조되는 색들로 빛나며, 매일 사용하는 완벽하게 실용적인 물건들의 장식적인 면을 한층 고양시킨다. 알론소의 다른 디자인들처럼 우아한 실용성의 전형적인 예다. 섬세한 크리스털이 이루는 복잡한 구조는 매끄럽고 단단한 대리석과 대조를 이루며 맞물리는데, 이것이야말로 매우 독창적인 콘셉트다. 알론소는 자신의 비전을 다음과 같이 설명했다. "나는 구조와 비율, 그리고 공간적 관계를 실험해 보면서, 어딘가 새로운 것을 제안하면서도 본래의 용도와 문맥을 강하게 유지하는 제품을 만들고자 한다."

　스페인 출신인 알론소는 열아홉 살부터 다양한 영감을 받는 여정을 시작했는데 미국과 이탈리아, 호주에서 거주 및 수학했다. 전문 교육을 받은 그는 마침내 (현재도 기반을 두고 있는) 런던에 도착했으며, 왕립예술학교의 석사 과정을 졸업했다. 2006년에는 디자인 단체인 오케이스튜디오OKAYstudio를 공동설립하기도 했다. 알론소는 가구, 제품, 조명 및 인테리어와 전시 디자인 등의 다양한 작업을 하며 각각의 특정 소재의 가능성을 표현하는 디자인을 보여준다. 그의 디자인은 우아하고, 시적이면서도 실용적인 해답을 제시한다.

프론트FRONT

물의 계단Water Steps, 2016 / 악소르Axor

프론트는 욕실 브랜드 악소르가 자신들만의 고유한 수전 종류를 만들기 위해 2016년에 초빙한 디자이너 및 건축가 팀 중 하나다. 악소르는 전통적 해법에 도전하고 오늘날의 디자인 거장들과 함께 혁신을 일으키는 브랜드로 유명하다. 당시의 워터드림WaterDream 프로젝트의 핵심 가치도 그러한 것이었다. 디자이너들이 악소르로부터 혁신적인 냉·온수 혼합 수전을 개발하는 작업을 의뢰받았을 때, 그들은 온전한 창의적 자유를 보장받았다. 악소르는 그저 '우리의 거주 환경에서 물이 갖는 중요성과 가치'를 정의하기 위해 형태와 소재를 실험해 보라고 권할 뿐이었다. 제작 기법의 경계를 시험해 보는 것 역시 이 브랜드의 또 다른 목표였다. 데이비드 아자예David Adjaye, 베르너 아이슬링어Werner Aisslinger, 감프라테시 및 장-마리 마소Jean-Marie Massaud의 뒤를 이어, 악소르는 스웨덴 출신의 디자이너 듀오인 프론트를 초빙해 수전을 만들게 했다.

소피아 라게크비스트Sofia Lagerkvist와 안나 린드그렌Anna Lindgren은 스톡홀름에 기반을 둔 디자인 스튜디오를 세웠고, 이 작업은 악소르와의 두 번째 협업이었다. 전에는 미로처럼 얽힌 구리 파이프로 된 샤워 수전을 제작한 적이 있었다. 라게크비스트는 이번 작업을 회상하며 다음과 같이 이야기했다. "악소르에서는 '수도꼭지가 무엇이 될 수 있을지 다시 생각해 볼 수도 있겠죠'라고 했다. 그 말이 우리 디자이너들의 귀에는 마치 음악처럼 들렸다." 프론트의 답은 아름답고 조각 작품 같은, 금속으로 만든 수전이었다. 이 디자인의 초점은 수전의 형태와 물을 장난스럽게 맞바꾸는 것으로, 두 개의 원뿔형 용기가 물의 흐름을 보여 주는 모양에서 해법을 찾았다. 이는 자체로 제품의 장식 요소가 되었다. 두 그릇 중 하나는 우아하게 공중에 떠 있어 절묘한 구조에 가벼운 느낌을 더한다. 또한 물이 진부하지 않은 형태의 계단을 타고 흐르는 모습은 자연의 폭포를 닮아서 시각적 효과에서도 뛰어나다. 프론트는 다음과 같이 이야기했다. "이 디자인은 물이 PVD 코팅된 금속 표면 위를 흐르게 하여, 미학적으로나 청각적으로 자연의 요소가 갖는 감성적 잠재력을 강조한다." 또한 "우리는 소리를 넣어 작업한다는 아이디어가 마음에 들었다. 디자이너들이 흔히 하는 생각이 아니기 때문이다"라고 덧붙였다.

형태와 소재 모두를 아우르는 기발한 아이디어와 파격적인 실험으로 잘 알려진 프론트는 수전 사용을 복합 감각적인 경험으로 바꾸었다. 디자이너 듀오가 가진 마법 같은 일에 대한 열정과도 연결된다. 악소르는 넨도(샤워 시설과 전등들이 초현실적으로 병합되는 결과를 낳았다) 또는 필립 스탁Philippe Starck(혁신적인 물 절약 수전을 만들었다) 등과도 협업한 바 있다.

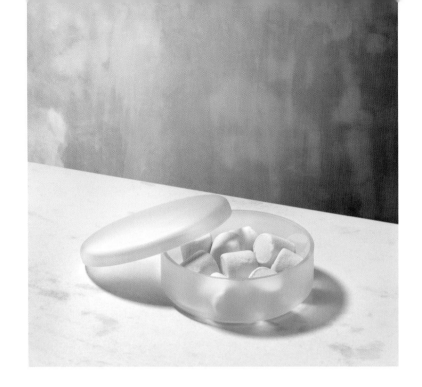

포르마판타즈마FORMAFANTASMA
피그멘토 보관함Pigmento storage box, 2018 / 누드 글라스Nude Glass

암스테르담에 기반을 둔 디자인 스튜디오 포르마판타즈마는 이탈리아 출신 디자이너 듀오가 설립했다. 안드레아 트리마르키Andrea Trimarchi와 시모네 파레신Simone Farresin은 2009년에 에인트호번 디자인 아카데미를 졸업하고 곧장 디자이너로서의 커리어를 쌓기 시작했다. 실험적인 소재 사용이나 전통과 지역 문화의 관계를 탐구하는 것이 이들이 만든 작품의 특징이다. "스튜디오 포르마판타즈마는 의뢰인을 위해 디자인할 때나 대안적 소재 적용을 탐색할 때 등 모든 착수 프로젝트에서 디자인상의 문맥, 과정 및 세부 요소에 똑같이 엄격하게 주목한다."

두 디자이너는 이스탄불에 기반을 둔 디자인 브랜드 누드 글라스를 위해 식기 컬렉션의 일부인 이 보관함을 디자인했다. 훌륭하게 제작된 피그멘토 보관함은 입으로 불어 유리 제품을 만드는 기법의 전통에서부터 탄생했다. 한마디로 장인정신을 기리는 디자인이다. 불투명한 유리로 된 낮은 원통형의 그릇과 뚜껑으로 이루어진 제품은 색소(피그먼트pigment)가 언뜻 비치는 느낌으로 장식되어 있다. 보관함은 납작한 돔형의 뚜껑에 베이지색의 악센트가 들어가 있으며, 피그멘토 시리즈의 다른 유리 제품들은 반투명의 표면에 흰

색이 섞인 장밋빛, 노란색 또는 회색으로 장식되었다. 모든 제품에 파스텔 색조를 사용했는데, 반투명 유리의 우윳빛 구조와 잘 어울린다. 또한 찰나적이고 낭만적인 느낌의 시각적 효과를 낸다. 사용된 색들, 그리고 색을 사용한 방법은 부드러운 꽃잎을 연상시킨다. 피그멘토 시리즈의 모든 제품이 그렇듯, 이 보관함 역시 뛰어난 형태 감각으로 눈을 즐겁게 한다. 디자이너들은 제품의 가장자리를 둥글게 처리함으로써 편안한 느낌의 인테리어에 완벽하게 들어맞는 섬세함을 더했다. 또한 미니멀한 형태는 제품이 가진 기능적인 역할도 이상적으로 정의한다. 이 컬렉션은 수작업으로 제작되어 각각의 제품이 조금씩 다르다. 그래서 독특하다. 또한 색깔이 비치는 부분은 적절하게 사용되어 다양하고 창의적인 무늬를 보여 준다. 피그멘토 보관함은 매혹적인 장식성으로 생산사의 포트폴리오와도 잘 어울린다. 누드 글라스는 단순성을 기조로 하여, 납을 섞지 않은 크리스털 유리를 사용해 현대적인 유리 제품을 만드는 브랜드다. 포르마판타즈마는 독특한 소재들(용암, 딱정벌레 껍데기 또는 빵 조각)을 실험하기도 하지만, 색 효과를 탐색하는 디자인으로도 잘 알려져 있다.

이들의 또 다른 멋진 제품으로는 이탈리아의 도자기 브랜드 세디트CEDIT를 위해 디자인한 크로마티카Cromatica 컬렉션을 꼽을 수 있다. 듀오는 건축가이자 디자이너인 에토레 소트사스Ettore Sottsass가 사용했던 색채 범위에서 영감을 받아, 표면에 그림자 효과를 줄 수 있는 타일을 디자인하기도 했다.

네리 & 후NERI & HU
렌 매거진 랙Ren Magazine Rack, 2016 / 폴트로나 프라우Poltrona Frau

렌은 수납용 액세서리들로 구성된 세련된 컬렉션이다. 중국 출신의 디자이너 듀오 네리 & 후는 현관에 대해 고찰했다. 이 제품을 생산한 폴트로나 프라우는 "기능과 소재의 혼합을 보여 주는 물건 시리즈"라고 설명했다. 해당 컬렉션을 구성하는 모든 요소는 다양한 공간에서 사용할 수 있으며 제각기 다른 조합으로 배열할 수 있다. 독립적으로도 쓸 수 있으며 거울이 달린 코트 걸이, 작은 탁자, 콘솔 탁자, 나중에는 책장으로 확장되었다. 렌 컬렉션은 벽에 고정해서 사용하는 형태의 거울이 달린 코트 걸이와 발렛 스탠드, 탁상용 거울, 그리고 이 책에 실린 매거진 랙 등으로 구성되어 있다. 디자이너들은 이 제품이 소파나 침대, 탁자와 같은 집 안 주요 가구들을 위한 '조연배우'라고 이야기했다. 컬렉션의 이름은 중국어 표의문자로 '사람'을 뜻하는 '렌'(*사람 인人)에서 따왔다. 두 개의 획으로 된 그림 문자로 원래는 한쪽 획이 약간 더

길지만, 안정성을 위해 두 획이 서로를 지지하고 있는 모양으로 완성했다. 네리 & 후는 글자의 형태와 비슷하게 두 개의 요소로 지지되는 간소한 라인을 기본으로 했다.

같은 컬렉션 내의 다른 가구들처럼 매거진 랙의 뼈대는 카날레토종의 호두나무 원목으로 제작되었다. 뼈대에는 한 장으로 된 꾸오이오 새들 엑스트라Cuoio Saddle Extra 가죽이 달려 있으며, 나무 뼈대 위쪽에 광택 없는 청동 느낌으로 마감된 금속 막대로 가죽을 고정했다. 금속 막대 디테일은 제품에 세련된 느낌을 더한다. 이 우아한 매거진 랙이 디테일에서 보여 주는 놀라운 점은 균형감이다. 마치 공중에 달려 있는 듯한 선반은 가볍고 조화로운 느낌을 준다.

네리 & 후는 2004년에 린던 네리Lyndon Neri와 로잔나 후Rossana Hu가 여러 분야를 아우르는 건축 디자인을 위해 설립한 스튜디오로 상하이에 본사가 있고 런던에도 사무실을 두고 있다. 이 스튜디오의 프로젝트들은 건축, 인테리어, 그래픽 및 제품 디자인 마스터 플랜 등을 다룬다. 리서치를 특별히 강조하는 이 디자이너 듀오는 "우리는 정형화된 스타일에 따르기보다는 경험, 디테일, 소재, 형태 및 조명과 보다 역동적으로 상호 작용을 하는 작업에 기반을 두고자 한다. 각각의 프로젝트에 담긴 궁극적인 중요성은 형태를 구축하는 방법이 제품의 물리적 모습을 통해 어떻게 의미를 갖는지에서 유래한다"고 했다.

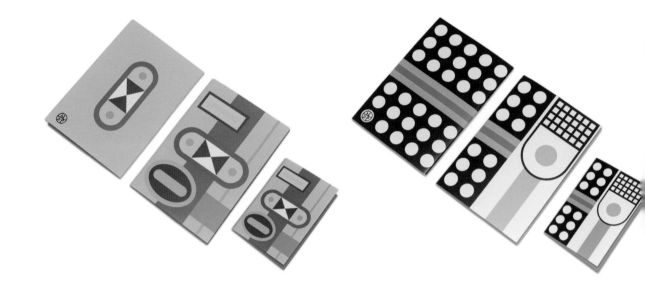

나탈리 뒤 파스키에NATHALIE DU PASQUIER
공책 표지 Notebook' Covers, 2016 / 러버밴드Rubberband

이 디자이너의 공식 신상은 다음과 같다. "나탈리 뒤 파스키에는 1957년 프랑스 보르도에서 태어났으며, 1979년까지 밀라노에서 살았다. 1986년까지 디자이너로 일했으며 멤피스Memphis의 창립 멤버다. 그녀는 텍스타일, 카펫, 플라스틱 합판 등 다양한 종류의 '장식 표면'과 가구 및 오브제를 디자인했다. 1987년에는 회화 분야가 주요 활동 영역이 되었다." 하지만 2016년에는 인도 뭄바이에 기반을 둔 브랜드이자 아티스트들과 협업하여 다양한 문구류를 생산하는 러버밴드와도 협업한 바 있다. 이들의 일기장, 노트 및 다이어리와 펜에 담겨 있는 철학은 강한 스타일 감각이 녹아 있는 단순하면서도 기능적인 디자인이다. 러버밴드의 디자인이 보여 주는 또 하나의 특징은 선명한 색상을 사용한다는 점이다. 2007년에 에이제이 샤Ajay Shah가 설립했는데 가구 컬렉션을 선보이기도 했다.

　뒤 파스키에가 러버밴드의 아티스트 컬렉션을 위해 디자인한 제품은 두 가지 크기(A5와 A6 크기)로 된 여섯 가지 공책 표지다. 각각의 제품은 완전히 다른 패턴을 보여 주며 패턴은 앞표지와 뒤표지를 연결시킨다. 멤피스의 미학에서 영감을 받은 이 공책 표지 디자인은 기하학적 도형들과 선명한 색상

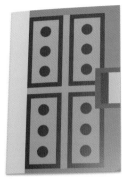

들을 창의적으로 활용했다. 형태와 색조에 대한 디자이너의 감각이 발랄하고 흥미로운 배열로 나타난 것이다. 뭉툭한 형태들은 선명한 색상들과 강렬한 대비를 이루면서 공책을 예술적이면서도 실용적이며, 갖고 싶어지는 물건으로 만들었다. 몇몇 시각적 모티프들은 눈길을 끄는 착시 현상을 일으킨다. 어떤 것들은 기하학적 형태들의 상호 작용으로 눈을 즐겁게 한다. 공책 각각의 속지는 표지를 구성하는 색상들에 맞추어져 있다. 뒤 파스키에의 컬렉션은 유쾌하고 톡톡 튀는 느낌을 주며 꼭 필요한 문구류에 활기찬 감각을 불어넣었다. 디자인 작품 수준에 이른 이 공책들은 최근 들어 또다시 인기를 끌고 있는 멤피스의 시각적 언어를 전달한다. 그녀는 멤피스 그룹의 시초에 대해 "확실히 새 시대의 시작이었다"고 했다. 또한 "형태는 더 이상 기능을 따르지 않아도 되며, 디자인은 소통의 문제다"라고 덧붙였다. 흥미롭게도 멤피스가 다시 유행하기 시작할 당시, 뒤 파스키에도 여러 브랜드와 협업했다. 그녀의 강렬한 패턴은 쿠션, 러그 및 각종 액세서리와 의류에도 사용된 바 있다.

좋은 디자인은
제품을 쉽게 이해할 수 있다

"좋은 디자인은 제품의 구조를 명확하게 하는 것이다. 더 좋은 디자인은 제품이 말하게 하는 것이다. 최상의 디자인은 별다른 설명이 필요하지 않은 디자인이다."

_디터 람스Dieter Rams

제품은 사용자로 하여금 그 디자인의 내면에 무엇이 있는지, 즉 무엇을 위한 디자인이고 어떻게 사용해야 하는지를 처음 본 순간부터 이해할 수 있도록 만들어져야 한다. 빤한 이야기 같지만 실행은 쉽지 않다. 어떤 디자이너들은 미학적인 측면을 지나치게 밀어붙이는 바람에 시각적으로는 그럴듯해 보일지 몰라도 결과적으로는 모호해진다. 제품은 분명하게 이해할 수 있어야 한다. 구조나 기능에 추가적인 설명이 필요해서는 안 된다. 제품과의 상호 작용은 직관적이고 자연스러워야 한다. 그렇지 않으면 소비자들은 일상에서 제품의 역할에 만족을 얻지 못하게 된다. 디자인은 삶을 향상시키기 위한 것이지 복잡하게 만들기 위함이 아니다. 이 때문에 디자이너들은 자신만의 독특한 비전을 사용자가 이해할 수 있는 방식으로 구현해야 하는 어려운 과제를 안게 된다. 독창적인 아이디어를 완벽하게 기능적이고 보기에도 아름다운 사물로 만드는 게 중요하다.

콩스탕스 기세CONSTANCE GUISSET
푸스카Fusca, 2018 / 보사Bosa

콩스탕스 기세는 원근법만이 아니라 제품과 인테리어 디자인도 하고자 2009
년에 스튜디오를 설립했다. 기세의 스튜디오에서 일하는 디자이너들과 건축
가들의 주된 목표는 '놀라움을 불러일으키고 꿈과 같은 도피의 순간을 불러
내기 위해 가볍고 활기찬 물건을 창조하는 것'이다. 기세는 특이한 물건을 추
구하지 않는다. 그녀의 포트폴리오는 램프, 거울, 가구로 구성된다. 그러나 기
세가 각각의 물건들을 해석하는 방식은 매우 독창적이고, 우리가 주변의 흔
한 사물들을 인식하는 태도에 신선한 숨결을 불어넣는다. 이탈리아 업체 보
사를 위해 디자인한 푸스카 꽃병이 대표적이다.

　푸스카 꽃병은 풍성한 아름다움과 호기심을 자아내는 형태가 특징이다.
꽃병으로는 이례적으로, 디자인에서 가장 중요한 요소는 몸통이 아니다. 손
부채처럼 펼쳐진 목 부분의 넓은 표면의 리듬감 있는 질감이다. 색상과 마무

리가 다양하여 주위를 환기시키는 힘이 있는 형태로 여러 가지를 연상케 한다. 가장 우선적으로 백합의 잎이나 사자 갈기 같은 자연계의 사물들이 떠오른다. 일정한 규칙으로 적용된 장식은 형태의 유기적 특성을 돋보이게 하고, 꽃의 피어남을 모방한 것 같은 움직임을 암시하기도 한다. 꽃병으로서의 기능을 완벽하게 투영하는 것이다. 꽃병 디자인에 대한 기세의 비정통적인 접근은 시선을 사로잡을 뿐만 아니라 실용적이기도 하다. 목 부분이 펼쳐져 있어 스크린 같은 역할을 하는 덕분에 꽃을 멋지게 배치할 수 있다. 어떤 꽃다발을 꽂든 푸스카는 우아한 도자기 포장지 역할을 한다. 기세는 종종 재료를 가지고 움직이는 느낌을 주는 디자인을 즐긴다. 휘어진 철골이 등받이와 앉는 부분에 천을 걸쳐 놓은 것처럼 곡선을 그리는 기세의 대표적인 작품인 드라페Drapée 의자처럼 말이다.

푸스카를 생산하는 기업인 보사는 오랜 전통(이탈로 보사는 1976년부터 도자기 생산을 시작했다)을 자랑하며 고대의 기술을 적용해 수제품을 제작한다. 풍부한 색상과 세심한 마무리는 보사 도자기의 특징이다. 보사는 일급 디자이너들과의 협업을 통해 '형식적이고 기능적인 관습들을 새로운 해석과 새로운 기능, 그리고 멋진 세계로 변형하는' 연구와 혁신적 실험을 지속하고 있다.

크리스티안 베르너 CHRISTIAN WERNER

릴루 Lilu, 2018 / 인터뤼브케 interlübke

릴루는 독일 산업 디자이너 크리스티안 베르너와 제조업체 인터뤼브케의 협업 결과다. 이 대단히 독특한 선반 시스템은 개별 패널 디자인과 수납공간을 결합한다. 평범한 선반 이상이라고 할 수 있다. 배열과 관련해 무수히 많은 가능성으로 즐거움을 주기 때문이다. 릴루는 세팅 방식에 따라 벽에서 완벽하게 다른 시각적 효과를 연출할 수 있다. 사이즈는 세 가지다. 두께는 물론이고 선반 깊이와 뒷면의 높이도 다양해서 사용자의 계획이나 인테리어 특성에 맞게 조절할 수 있다. 베르너의 선반 시스템에 매력적인 백라이트를 추가해 조광과 색채 온도를 조절함으로써 선반이 공간에 자유롭게 떠 있는 듯한 느낌으로 연출할 수도 있다. 색의 측면에서는 사용자가 바라는 선반의 조합이 어떤 것이든 조화로운 구성이 가능하도록 세심하게 설계되었다. 선택할 수 있는 색상의 범위가 넓은 것도 다양한 세팅에 기여한다.

릴루는 있는 그대로 사용하거나 찬장 위 또는 옆에 둘 수도 있다. 방향도 수평 또는 수직으로 조절할 수 있으며, 나중에 다시 바꿀 수도 있다. 또한 손으로 쉽게 옮길 수 있다. 릴루의 'L'자형 모양은 다양한 아이템과 장식들을 수납하고 전시하는 데 필요한 완벽한 무대와도 같은 공간을 제공한다. 극도로 유연한 콘셉트를 정의하는 건 가벼움과 우아함이다. 릴루는 브랜드의 철학을 완벽하게 보여 준다. 우선 사용자들에게 가구와 관련해 최대한의 개인성과 유연성을 제공하는 능력이라는 의미에서의 자유다. 두 번째는 미니멀한 디자인을 만들 수 있는 용기다. 인터뤼브케는 '그것이 바로 고전이 태어나는 방식'이라고 설명한다. 마지막은 인터뤼브케의 가구가 사용자들에게 주는 즐거움이다. 릴루는 인터뤼브케의 다른 컬렉션과도 잘 어울릴 뿐만 아니라 주방, 거실, 현관 등 모든 인테리어에 잘 맞는다.

크리스티안 베르너는 독일 홀렌슈테트를 근거지로 하는 디자이너다. 25년간 가구 디자인을 전문으로 해 왔으며 유행을 타지 않는 제품 생산을 목표로 유럽의 뛰어난 제조업체들과 협업하고 있다. 장식 없는 형태와 단순성이 베르너의 시그니처이긴 하지만 그에 따르면 형태와 재료는 감정과 관능의 표현이어야 한다.

소우 후지모토SOU FUJIMOTO
더 스몰리스트 라이브러리The Smallest Library/북체어Bookchair, 2017
앨리어스Alias

일본의 유명 건축가인 소우 후지모토는 자신의 작품에서 건축 공간과 인체의 관계를 탐구하는 것으로 유명하다. 탐구의 결과로 일반적인 책장과 빌트인 의자가 전체 구조의 일부로 결합된 혁신적인 가구를 발명해 냈다. 의자는 넣었다 뺐다 할 수 있다. 사용자는 북체어에서 쉴 수도 있고 선반에 물건을 수납할 수도 있다. 의자가 책장에 들어가 있는 구조라 (의자의) 형태는 거의 바꿀 수 없다. 그러나 사인파sine wave 곡선 형태의 옆모습(의자와 등받이는 나무 하나로 만들어져 있다) 덕분에 의자 부분을 식별할 수 있다. 기능도 뚜렷하게 파악된다. "더 스몰리스트 라이브러리/북체어는 책과 독자 사이의 기본적이고 근본적인 관계를 반영하는 것을 목표로 하는 콘셉트를 바탕으로 '책장 안의 의자'라는 새로운 요소를 종합해 만들었다."

의자를 빼내는 데는 사용자의 행동이 요구된다. 디자인의 완전한 잠재력은 이와 같은 가구와 사용자의 상호 작용을 통해 실현된다. 이 가구는 작은 공간에 사는 애서가들을 위한 완벽한 해결책이다. 책을 수납할 수 있는 책장과 독서를 즐길 수 있는 의자를 함께 제공하기 때문에 공간을 조금만 차지하고, 다른 가구를 필요로 하지 않는다는 점에서도 실용적이다. 일반 가정의 서재는 규모가 커서 공간을 잡아먹기 십상이지만 후지모토의 작품은 가볍고 반투명하다. 주된 초점은 책장을 엄격하게 최소화한 상태에서 꽂혀 있는 책들이다. 또 기술적 가벼움, 다재다능함, 혁신 같은 제조업체 앨리어스의 모든 가치를 모범적으로 구현한다. 이탈리아 브랜드 앨리어스는 1976년 이후 자신들의 컬렉션에서 수많은 유명 디자이너들과 협업해 왔다. 목재 패널로 만들어진 북체어는 앨리어스의 친환경 목표에 부합한다.

후지모토는 도쿄대학교 엔지니어링학부에서 건축을 전공했다. 그의 작품들은 공간을 새롭게 정의하려는 끊임없는 노력들이다. 후지모토만의 독창적 스타일은 가볍고 공간적이면서도 기하학적 대칭을 활용하는 미니멀한 구조다. 건물이든 물건이든, 후지모토의 접근은 신선하고 혁신적이다. 종종 자연으로부터 영감을 얻어 만들어지는 결과물들은 투명 가옥, 구름 파빌리온, 나무에서 영감을 가져온 건물처럼 시각적으로 탁월하다.

세실리에 만즈CECILIE MANZ
컴파일 북엔드COMPILE Bookends, 2016 / 무토Muuto

"분명한 선과 당신이 가장 좋아하는 책과 잡지를 위한 다양한 디스플레이 옵션을 갖춘 컴파일 북엔드는 선반에 조각 같은 특징을 더해 준다. 이 북엔드는 별도의 받침대가 필요 없고 제약 없이 움직이며 창조적인 사용의 자유를 보장한다. 집이나 사무실의 책장에 색채와 개성을 부여하는 기능적인 역할을 한다."

컴파일 북엔드에 관한 세실리에 만즈의 설명이다. 이 독창적인 북엔드 컬렉션에서 가장 눈길을 끄는 것은 미니멀한 외관과 다용도성이다. 형태는 장식 없이 본질에 충실하고, 높이가 다양해서 책을 꽂는 데 필수적인 유연성을 제공한다. 같은 크기의 책만 소장한 사람은 없을 것이다. 서재에 꽂힌 책의 크기와 모양은 다양하다. 만즈의 디자인은 이 같은 다양함에 부합한다. 책을 받쳐 주는 컴파일 북엔드는 비율 덕분에 다양한 위치에 놓을 수 있다. 책장에 시각적인 다채로움도 제공한다. 기하학적 형태와 기능적인 단순성으로 공간 디자인이나 역할에 구애받지 않고 모든 종류의 인테리어에 사용할 수 있다. 정교하게 제작된 컴파일 시리즈는 레이저로 절단한 강판을 굽혀서 만들었으며 모서리는 둥글게 처리했다. 북엔드는 녹색 베이지, 회색, 자주색 등 서로 조화를 이루는 세 가지 색의 고품질 파우더로 도장되어 있다. 깨끗한 실루엣은 실용적 기능을 충족할 뿐만 아니라 책장에 우아하면서도 조각적인 장식성을 주는 요소다. 재료와 형태에 대한 만즈의 감각이 눈에 띈다. 이는 북유

럽의 미학에서 나온 것이다. 그녀는 이렇게 말한다. "전 세계 어디에나 숙련된 장인들이 있지만 스칸디나비아 디자인이 성공한 이유는 재료에 대한 감각과 디테일에 대한 충실성이다. 스칸디나비아 디자인은 각각의 재료를 최대한 존중하면서도 미니멀하고 소박하다."

오늘날 덴마크와 국제 디자인계의 떠오르는 별들 중 하나인 세실리에 만즈는 가구, 유리, 램프, 도자기 등을 창조한다. 덴마크 왕립예술학교, 디자인 스쿨, 헬싱키의 예술디자인대학을 졸업한 뒤 1998년 코펜하겐에 스튜디오를 설립했다. 자신의 말처럼 스스로에게 의미 있는 물건들을 디자인하고 있다.

토마쉬 크랄TOMAS KRAL
앵무새Parrot, 2017 / 누드 글라스

이 독특한 유리병의 새 모양 실루엣은 디자인의 일부면서 실용성마저 강화시켜 준다. 슬로바키아 출신으로 스위스에서 활동하는 디자이너 토마쉬 크랄은 이 디자인에서 사용자를 미소 짓게 만드는 것을 목표로 삼았다. 결과적으로는 기능성까지 두 마리 토끼를 잡았다. 디자이너의 활달한 아이디어는 정교한 방식으로 구현되어 있다. 앵무새는 손으로 잡고 불어서 만든 유리와, 손으로 만든 장식을 결합한 결과로 아름다우면서도 귀중한 물건이 되었다. 장식은 기능을 강화한다. 병 몸통에 수직으로 파인 홈들은 손으로 채색했는데 마치 깃털을 연상시킨다. 동시에 물을 따를 때 손이 미끄러지는 것을 막아 준다. 이와 비슷하게 잡는 힘을 더해 주는 모티프는 유리병에 딸린 유리에도 있다. 유리의 에칭 역시 흥미로운 성찰을 보여 주는데, 특히 앵무새나 텀블러가

물로 채워져 있을 때 그렇다. 우리가 앵무새를 생각할 때 이국적인 이미지를 떠올리는 것처럼 유리병을 사용할 때는 더위 혹은 갈증을 느낄 때다. 사용자는 태양빛이 비치면 유리병의 몸통이 아름답게 일렁이는 것을 볼 수 있다. 앵무새의 금속 돌출부는 새의 부리를 닮아서 물을 우아하고 효율적으로 따를 수 있다. 이 두 가지 디테일, 즉 부리와 파인 홈은 자칫 깨끗하고 미니멀하기만 했을 실루엣에 마술 같은 효과를 선사한다. "나는 사람들에게 매우 현대적이면서도 함부로 손댈 수 없는 무언가를 떠올리게 하는 물건을 창조하고 싶었다." 크랄의 이국적인 유리병과 텀블러 세트는 세 가지 색으로 판매된다. 사용하기 쉽고 실용적인 이 세트는 놀라움을 안긴다. 전통적인 유리병에 대한 디자이너의 재해석은 유머러스하면서도 미학적으로 세련되었다. 앵무새는 자체로 테이블에 자리 잡은 가장 정교한 장식이라 할 수 있다.

토마쉬 크랄은 로잔 예술대학교를 졸업하고 2008년 로잔에서 스튜디오를 설립했다. 디자인에 대한 크랄의 접근은 재료가 유리든 코르크이든 도자기이든 관계없이 재료와 과정의 집중을 중시한다. 조명과 가구부터 액세서리에 이르는 광범위한 프로젝트는 전통과 일상적인 상황 모두에서 힘을 얻는다. 크랄은 뛰어난 유머 감각과 판타지를 통해 전통과 일상적 상황을 작품으로 구현해 낸다. 그의 목표는 새로운 창조적 접근, 혁신적인 형태, 흥미로운 디테일을 찾는 한편 공예 기술을 실험하는 데 있다.

기욤 델비뉴GUILLAUME DELVIGNE

호라이즌 컬렉션Horizon collection, 2016 / 크리스털 드 세브르Cristal de Sèvres

크리스털 드 세브르는 오랜 역사와 위대한 전통을 지닌 제조업체다. 1750년
에 '간결하고도 우아한 컬렉션, 탐스럽고 고급스러운 물건'을 창조하고 싶었
던 퐁파두르 부인(*프랑스 루이 15세의 정부)의 뜻에 따라 설립되었다. 크리스
털 드 세브르의 호화로운 유리 제품은 탁월하고 세련된 스타일이 인상적이
다. 유행을 타지 않는 디자인을 창조함으로써 오랜 전통을 유지하는 한편, 동
시대의 미학을 반영하기 위해 앞서가는 디자이너들과 작업함으로써 꾸준히
포트폴리오에 활력을 불어넣어 왔다. 기욤 델비뉴의 호라이즌 컬렉션은 동시
대적 감각이 가미된 대표적인 사례. 델비뉴는 당시 막 크리스털 드 세브르
의 예술 감독이 된 엘렌 트리불레Hélène Triboulet의 요청을 받아 크리스털 드 세
브르의 스타일을 혁신하는 작업에 참여했다.

트리불레가 델비뉴에게 의뢰한 작업의 키워드는 '퇴근 후'였다. 두 사람은
바에 필요한 모든 종류의 유리잔을 조사했다. 와인, 샴페인, 위스키, 보드카,
칵테일 등 다양한 술을 위해 모두 열한 개의 유리잔으로 구성된 이 우아한
셀렉션의 특징은 형태의 순수성이다. 각 유리잔의 실루엣은 각각의 술의 특
징에 부합해 술맛을 돋우고 완벽하게 눈길을 사로잡는다. 디자이너 델비뉴가
직면했던 도전 중 하나는 용량이 제각각인 유리잔들을 시각적으로 연결시켜
일관된 스타일을 완성하는 것이었다. 델비뉴는 이렇게 말한다. "뚜렷하고 일
관된 컬렉션을 만들기 위해 높이와 직경을 일부 합리화해 최대한 공통 요소
를 만들어 내려 했다. 유리잔의 윤곽은 디자이너로 일하는 과정에서 발전시
켜 온 나의 디자인 언어인 매우 순수하고 밀도 높은 기하학적 형상에서 나왔

다. 이 욕망 때문에 작은 기술적 도전에 맞닥뜨렸다. 이처럼 엄격한 선은 유리로 옮기기 어렵기 때문이다." 잔의 바닥 부분은 완만한 곡선으로 처리되어 있고, 손잡이 부분은 길고 우아하다. 이런 측면들이 정밀한 선과 결합되면서 유리로 조화롭게 표현된 아름다운 균형을 이룬다. 기하학과 비례에 대한 델비뉴의 감각은 현대적이면서도 유행을 타지 않는 외관에 기여한다. 그의 컬렉션에는 격조와 세련미가 흐른다. 호라이즌 컬렉션에는 유리잔 이외에 유리병과 얼음 통도 있다.

델비뉴는 낭트 애틀란틱 디자인학교와 밀라노 폴리테크니코에서 공부했다. 밀라노와 파리에서 유명 디자이너들과 함께 일한 후 2011년 자신의 스튜디오를 세웠다. 2006년부터는 디자인 집단 디토Dito의 회원이기도 하다.

임마누엘 마지니EMANUELE MAGINI

블로우 데이베드Blow daybed, 2015 / 구프람Gufram

'휴일의 기호학'이란 제목의 졸업 논문을 제출한 이탈리아 디자이너 임마누엘 마지니를 아는 사람이라면 블로우 데이베드가 보여 주는 비범한 디자인에 놀라지 않을 것이다. 2010년부터 자신의 스튜디오를 운영 중인 그는 활달하고 독창적인 해석이 들어간 작품으로 유명하다. 블로우 데이베드에 관한 설명은 이렇다. "당신의 휴가를 위한 완벽한 안락의자다. 물에 대한 두려움을 극복하는 데 도움을 줄 수도 있다. 기능적으로는 1970년대의 에어매트리스와 공기 주입 방식을 참조했다는 점을 분명히 알 수 있다. 편안하고 즐거운 블로우는 게으름을 극단까지 몰고 간다. 선글라스와 손 안의 칵테일만 있다면 파도는 당신을 해치지 못하고 햇볕에 타는 일도 없을 것이다." 공기 주입식 매트리스를 모방한 것은 수영장, 여름, 태양, 휴가를 강하게 연상시키는 효과를 발휘해 상상력을 자극한다.

이 침대 겸용 소파의 형태는 우리 마음에 떠오르는 즐거운 이미지에 맞게 제품을 사용하라는 완벽한 암시이자 격려다. 장소나 계절과 무관하게 마지니의 디자인은 우리를 여가와 휴식, 게으름의 세계로 데려간다. 디자이너는 환

기적 형태와 그것이 불러일으키는 모든 감정-이 경우에는 긍정적인 감정-을 완벽하게 사용한다. 그는 휴가 때 해변 옆의 벤치에 올려 있던 에어매트리스에 눈길이 갔고, 그때의 경험을 차용했다. 사용자들이 휴식에 대한 이상적인 영감을 얻는 것이 데이베드의 주된 기능이기도 하다. 사용자들은 마치 자신이 수영장에 떠 있는 것 같은 느낌을 받을 수 있다. 편안함을 주고 즐거운 느낌을 살리기 위해 데이베드는 쿠션에 폴리우레탄 발포 고무를, 안감에는 덴마크 섬유 회사 크바드라트Kvadrat의 튼튼한 직물을 사용했다. 맨 앞쪽은 머리를 받칠 수 있도록 위를 향하게 했고 아래에는 네 개의 알루미늄 다리를 두었다.

유명 제조업체인 구프람은 본질적으로 이탈리아 회사다. 1966년에 설립된 이후 최고의 디자이너들과 함께 입술 모양 소파, 선인장 모양 스탠드, 유리처럼 생긴 의자 등 상상력이 풍부하고 독창적이며 반어적인 작품들을 많이 생산해 왔다.

마이클 소더MICHAEL SODEAU
애니씽 컬렉션Anything collection, 2008 / 헤이HAY

센트럴 세인트 마틴스 예술대학에서 제품 디자인을 전공한 마이클 소더는 런던에서 다양한 분야의 스튜디오를 운영하면서 여러 영역의 디자인을 하고 있다. 은연중에 드러나는 그의 철학은 간결한 해법과 문제해결이다. 스타일, 조명, 액세서리 측면에서 독특한 가구를 디자인함으로써 자신의 철학을 구현한다. 소더의 아이디어는 우리가 일상생활에서 잘 아는 사물들에 대한 진정한 의미의 독창적인 비전들이다. 다양한 재료 탐색만이 아니라 창조적 사고, 형태의 비정통적 접근이 상상력이 풍부한 작품들로 이어진다. 혁신적인 것은 신선한 외형만이 아니다. 소더의 디자인에서는 형태 다음에 곧바로 기능이 따라온다. 커피 메이커, 머그 세트, 편지 개봉용 칼, 옷걸이, 무엇이든 소더가 디자인한 작품들의 신기한 형태는 실용적인 기능을 강화시킨다. "제품에 대한 이야기를 만들어야 한다. 제품이 놓이는 장소에서 사람들이 그것과 어떻게 상호 작용할지, 다른 제품들과는 어떻게 어울릴지를 생각해야 한다. 그게 디자인을 하는 방법이다."

애니씽 컬렉션은 대중이 쓸 수 있는 좋은 디자인을 만들어 온 유명한 덴마크 브랜드인 헤이를 위해 디자인되었다. 헤이는 이렇게 전한다. "헤이의 지속적인 비전은 세계에서 가장 재능 있고 호기심 많고 용감한 디자이너들과 협력해 간단하고 기능적이면서도 심미적인 디자인을 만드는 것이다." 헤이의 정신에 어우러지게, 소더의 사무용품 컬렉션은 다른 책상용 문구들과는 달라도 많이 다르다. 플라스틱 틀 속에 숨겨진 단순한 형태는 사무용품 디자인이 끼칠 수 있는 해악의 치유제다. 소더의 컬렉션은 사용자들이 사무실에서 즐겁게 일할 수 있게 한다.

한 손으로 쉽게 잡을 수 있는 스테이플러는 서류에 충분한 힘을 줄 수 있도록 상당히 육중한 모양으로 만들어져 있다. 테이프도 일반적인 것보다 높은 디스펜서에 자리 잡고 있어서 다른 손으로 몸통을 잡지 않고도 필요한 만큼 테이프를 잘라 낼 수 있다. 알맞은 크기에 균형이 잘 잡힌 스탠드에 꽂혀 있는 가위는 쉽게 꺼내 쓸 수 있다. 이 컬렉션은 세 가지 무광 색상(녹색, 노란색, 베이지색)으로 되어 있다. 어느 사무실에서나 미니멀하고 세련된 느낌을 더해 줄 것이고, 업무에 소중한 도움이 될 것이다.

쉐인 슈넥SHANE SCHNECK
식기 건조대Dish Drainer, 2017 / 헤이

디자이너 부부인 롤프Rolf와 메트 헤이Mette Hay가 2002년에 설립한 디자인 브랜드 헤이의 또 다른 디자인이다. 이번에는 주방용품이라기보다는 흥미로운 풍경을 닮은 유쾌한 식기 건조대다. 덴마크 브랜드의 포트폴리오에 많은 기여를 해 온 쉐인 슈넥이 디자인을 맡았다. 식기 건조를 위한 이 기능적 솔루션은 골이 파인 멜라민 트레이, 강판 받침대, 실리콘 칼 홀더의 세 부분으로 구성된다. 각 부분이 서로 분리되어 있어 사용자의 필요에 따라 배치를 바꿀 수도 있다. 가장 신선한 것은 모양, 재료, 색상 측면에서의 대조적 요소들을 다루는 디자이너의 솜씨다. 평평하고 긴 바닥의 골이 진 구조와 받침대의 관 모양 구조, 칼 홀더의 곡선미가 있는 평평한 표면이 이루는 조화는 독창적이고 훌륭하다. 다양성은 싱크대에 품위를 더하고 부엌용품에 독창적인 기운을 불어넣는다.

식기 건조를 위한 주방용품은 순전히 실용적인 제품이라는 느낌을 주기 쉽다. 슈넥의 세트 또한 완벽하게 기능적이지만 식기 세척을 보다 쉽고 즐거운 일로 만든다. 이와 같은 창조적 도구들 덕분에 식기 세척이 제대로 된다. 트레이는 물이 고이지 않도록 만들어져 있으며, 여러 개의 받침대(받침대 하나에 접시 여덟 개를 꽂을 수 있다)를 놓을 수 있다. 디자이너는 철저히 실용적인 제품이라도 멋진 디자인의 주방 액세서리가 될 수 있음을 보여 준다. 스칸디나비아 디자인의 시각적 요소와 정교한 색상 덕분에 식기 세척기가 없어도 즐거울 수 있다.

슈넥은 미국 출신이지만 스웨덴에서 활동한다. 오하이오 주 옥스퍼드의 마이애미대학에서 건축을 공부하고 밀라노 리소니 아소치아티Lissoni Associati에서 피에로 리소니Piero Lissoni와 함께 일한 그는 2010년 스톡홀름에 디자인 스튜디오 사무실을 세웠다. 리소니의 말을 빌리면 "그의 디자인은 업계 표준에 도전하는 단순하면서도 혁신적인 제품들을 창조하는 것"이다. 또 다른 공통점은 최대한의 유연성을 제공하고 수많은 구성 가능성을 허용하는 디자인을 제공하는 것이다(그의 디자인 중 하나는 네 가지 형태로 사용할 수 있는 램프다). 슈넥의 디자인은 종종 놀라움을 주는 요소를 갖고 있다. 게다가 전형적이지 않으며 근본적으로 유쾌하다.

클라라 폰 츠바이크베르크CLARA VON ZWEIGBERGK

양초 홀더Candle Holder, 2017 / 헤이+이케아IKEA

2017년 이케아와 헤이는 손잡고 이펄링 컬렉션Ypperling collection이라는 이름으로 서른 개의 가구와 가정용품을 제작했다. 헤이의 공동 창립자 롤프 헤이는 이렇게 말했다. "우리는 이 협업을 통해 우리 회사에 적용할 수 있는 많은 것을 배웠다. 이케아 공급망의 단순성, 그리고 복잡한 것을 단순하게 만들어 더 좋고 더 저렴한 제품을 만드는 방법 말이다." 컬렉션 중 하나는 클라라 폰 츠바이크베르크가 디자인한 양초 홀더다. 스톡홀름에서 활동하는 이 디자이너는 스톡홀름 베크만스 디자인대학을 졸업하고 캘리포니아 파사데나의 아트센터 디자인대학교에서 학업을 이어 갔다. 그녀는 스톡홀름의 종합 디자인 스튜디오인 리비에란Rivieran의 공동 창립자이자 파트너이기도 하다. 또한 밀라노의 리소니 아소치아티에서 수석 그래픽 디자이너로 일하기도 했다. 스톡홀름에 돌아온 폰 츠바이크베르크는 '종이, 색, 타이포그래피, 형태에 관한 지대한 관심을 추구하는' 자신만의 디자인 스튜디오를 세웠다. 그녀의 작품에서 두드러지는 것은 시각적 아이덴티티, 포토 아트 디렉션, 그리고 일련의 제품들이다. 2010년 이후 폰 츠바이크베르크는 가정용품을 디자인하고 (자신의 스튜디오를 포함해) 시각적 아이덴티티를 만들어 왔으며, 가정용품을 디자인하는 헤이와도 긴밀하게 협력했다. 그녀는 국제적 브랜드들의 다른 제품들도 디자인한다. 단순하고 균형 잡힌 선들과 색에 대한 탁월한 감각은 폰 츠바이크베르크의 대표적인 특징이다.

이펄링 컬렉션에서는 합금 주물로 만든 양초 홀더를 디자인했다. 아이디어는 단순하면서도 주위를 환기시킨다. 디자이너는 여러 층의 원형 테라스처럼 녹은 밀랍의 형태를 모방했다. 리듬감 있는 베이스 덕분에 양초 홀더는 어디에 놓든 주변과 잘 어울린다. 가느다란 촛불 하나만 넣을 수 있는 이 디자인은 전기가 발명되기 전 가정에서 사용했던 가장 기본적인 형태의 양초에 적용된다. 그러나 이동형으로 디자인된 것이 아니라 고정된 장소에서 사용하도록 디자인되었다. 베이스 아래의 부드러운 미끄럼 방지 턱은 양초 홀더를 단단히 고정해 주고 아래에 있는 물체의 표면도 보호해 준다. 이케아에서 다양한 색으로 판매한다. 비싸지 않고 잘 디자인된 장식용 제품이다.

좋은 디자인은
지나치게 화려하지 않다

"목적에 부합하는 제품은 도구와 같다. 제품은 장식
품도 아니고, 예술 작품도 아니다. 디자인은 너무 드
러나지 않으면서도 공간을 통해 사용자가 자신을 드
러낼 수 있도록 절제되어야 한다."

_디터 람스Dieter Rams

과잉 생산의 시대. 디자인은 사람들의 주목을 끌기 위해 안간힘을 쓰고 있다. 그러나 우리는 제품의 시각적 측면을 너무 자주, 그리고 잘못된 방향으로 다루고 있다. 제품의 겉모습이 우리의 신분을 나타내는 상징인 양 취급한다. 그래서 제품이 화려할수록 좋다고 생각한다. 디터 람스는 보다 합리적인 태도를 지지한다. "우리는 우리를 둘러싸고 있는 형태, 색깔, 그리고 상징의 혼란을 과감히 줄여야 한다." "우리는 자극에 압도되지 않기 위해 스스로를 방어해야 하며, 우리 자신의 자유 의지를 위해 순수함과 단순함으로 회귀할 필요가 있다"라고도 말했다. 미적으로 뛰어나다 해도, 제품은 그것이 가진 본래의 목적을 이루고 우리의 삶을 보다 쉽고 윤택하게 만들기 위한 도구다. 제품은 보다 큰 그림의 일부가 되어야 하며 그 그림의 지배 아래에 놓여야 한다. 또한 사용자의 취향과 삶의 방식을 반영하는 데 있어 눈에 띄지 않는 선에서 기여해야 한다.

안데르센 & 볼ANDERSSEN & VOLL
파이브 푸프Five Pouf, 2016 / 무토

'정밀한 세공'은 안데르센 & 볼이 무토를 위해 디자인한 이 오각형 쿠션 컬렉션의 모토다. 노르웨이 출신의 두 디자이너는 덴마크 회사 무토와 팀을 이루었다. 그 결과는 스칸디나비아 디자인의 정수라고 칭할 만하다. 오각형 형태는 부드럽게 둥글려진 가장자리와 어우러져 흥미로운 모양새를 보여 주는 선형 디테일을 통해 강조되었다. 리드미컬한 줄무늬 같은 질감은 조감도로 본 지구의 패턴을 떠올리게 한다. 다섯 개의 쐐기 모양 구획은 쿠션의 형태를 이루며 위쪽 한가운데서 결합됨으로써 역동적인 효과를 낸다. 안데르센 & 볼은 "이 제품의 디자인 과정은 옷 재단과 상당 부분 비슷했다. 누벼서 만든 뼈대는 겉보기로는 형태를 감싸고 있는 듯하며 오각형의 역동성을 강조한다"고 했다. 특히 디테일에 있어 디자이너의 뛰어난 안목을 보여 준다. 형태를 만들기 위해 목재 섬유와 플라스틱을 섞어 껍데기 안에 주입했다. 하지만 껍데기는 천과 스펀지로 덧씌워져 있으며, 가장자리의 파이프에 접착제로 고정되어 있다. 제품을 마무리하는 회전 구조 부분은 일체형으로 금형을 뜬 알루미늄 소재다.

파이브 푸프 컬렉션은 부드러운 느낌의 네 가지 색(파란색, 회색, 검은색, 분홍색)으로 출시되었다. 흥미로운 대조를 이루는 방식으로 배열할 수도 있다. 이 제품들은 간이 의자로도 활용할 수 있고, 평평한 모양 덕분에 사용자가 잡지를 쌓아 두거나 담요를 두는 공간으로, 또는 발받침대로도 활용할 수 있다. 디자인은 심플하고 실용적이면서 편안하다. 공간에 두었을 때 세련된 느낌을 주지만 그렇다고 지나치게 이목을 끌지는 않는다.

토르비에른 안데르센Torbjørn Anderssen과 에스펜 볼Espen Voll은 2009년 오슬로에서 함께 사무실을 설립했다. 얼마 지나지 않아 두 사람은 가장 뛰어난 스칸디나비아 출신 디자인 팀들 중 하나로 평가받았다. 스튜디오는 다양한 디자인 분야에서 활동해 왔으나 주력 분야는 가정용 제품들이다. 도발적이게도 이들은 "좋은 제품은 전통을 기반으로 만들어지고 확장되지만, 동시에 전통이라 불리는 규칙을 깨뜨린다"라고 이야기한다. 그래서인지 북유럽풍의 재능을 가지고 있으면서도 이를 변형한 제품들을 만들어 낸다. 디자인 철학은 다음과 같다. "덜 급진적인 변화일지라도 디자인에 특별한 관심이 없는 이들에게도 똑같이 느껴지는, 생각과 깊은 사고를 촉진하는 놀라운 요소 및 그 변형을 담은 디자인. 이로 인한 찰나의 깊은 사고는 우리가 사용자들과 소통할 수 있는 기회의 창으로, 이것이야말로 우리가 다가가야 할 지점이다."

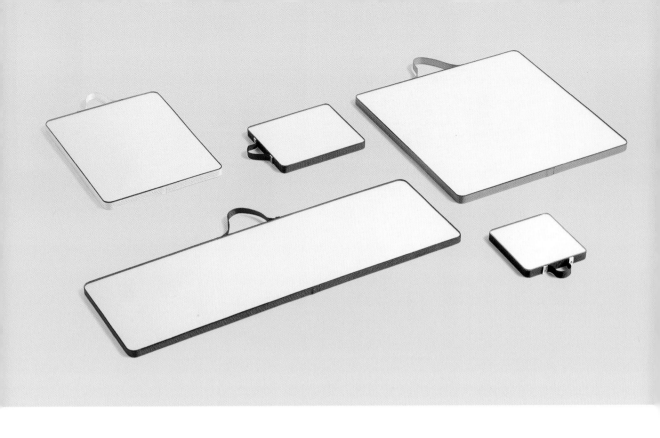

잉가 상페INGA SEMPÉ
루반 거울 컬렉션Ruban mirror collection, 2015 / 헤이

잉가 상페가 헤이를 위해 디자인한 컬렉션을 정의하는 요소는 리본과, 거울
의 유리가 이루는 대조의 병치다. 디자이너는 가벼우면서도 너무 밋밋하지
않은 유리 거울을 만드는 해법 찾기에 집중했다. 다섯 가지 형태의 직사각형
과 정사각형 거울들은 오크목으로 틀을 짰다. 그리고 컬러풀하고 질감이 돋
보이는 리본으로 이들을 감쌌다. 각각의 형태에는 저마다 다른 선명한 색이
지정되었다. 리본의 구조와 매끈한 유리 표면이 이루는 대조 역시 색만큼이
나 흥미로운 시각적 효과를 창조해 낸다. 잉가 상페는 리본의 세련된 마감 처
리를 통해 가장자리에 부드러운 느낌을 더했는데, 이는 거울을 걸 수 있는 고
리도 된다. 고리는 리본 조각을 놋쇠 나사로 덧붙여서 만들었다.

    "거울 틀을 만드는 일은 쉬울 것 같지만 거울에 비치는 빛을 온전히 보존
하면서도 그래픽적인 효과를 유지하는 일은 길고 복잡한 작업이었다." 또한
디자이너는 제작 과정에서 각각의 요소들이 바뀐 것도 인지했다. 기술적인
세부 요소를 최소한으로 줄이면서도 간단하고 합리적인 비용으로 제작할 수
있는 물건을 만들기 위해 그녀는 리본을 접착하는 방법으로 접착제를 사용
하는 대신 고정을 위한 구조를 고안했다. "나는 아주 약간의 요소를 더해 단

순함을 강조하는 데 흥미를 느꼈다. 무엇이라 정확히 이야기하기는 힘들지만, 그렇게 하면 기존의 제품과 구별되도록 만들 수 있다." 이처럼 독특한 거울 구성 방식은 다양한 자료로부터 영감을 받았는데, 예를 들어 오래된 기차에 걸려 있는 거울 등이다. 루반 컬렉션은 거울 하나를 단독으로 걸 수도 있고 여러 개를 함께 걸 수도 있다. 독특한 배열로 배치할 수 있을 뿐만이 아니라 다양한 인테리어에 모두 잘 어울린다. 가장자리에 리본이 둘러져 있는 이 거울은 비추는 대상만 다를 뿐, 마치 액자에 걸린 사진 같은 느낌도 준다.

주로 파리에서 활동하는 상페는 선구적인 프랑스 출신 디자이너들 중 한 명이다. 파리에 있는 프랑스 국립 산업 디자인학교를 졸업했다. 이후 로마 아카데미 드 프랑스에서 1년간 빌라 메디치 장학금을 받고 수학한 다음, 2001년에 다시 파리로 돌아와 자신의 스튜디오를 오픈했다. 그녀는 두 명의 다른 디자이너들의 도움을 받고 있는데, 이탈리아와 프랑스 및 스칸디나비아의 제조사들과 협업한다. 잉가 상페의 작업은 강렬한 개성과 촉각을 중시하는 특성으로 호평을 받는다. 또한 소재와 형태 사이를 탐구하는 방식은 일상에서 사용하는 물건들을 독특하게 만들어 가고 있다.

*루반은 채소를 긴 리본 모양으로 자르는 기법을 가리킨다.

콘스탄틴 그리치치 KONSTANTIN GRCIC

키보드 Keyboard, 2014 / 마르소토 에디지오니 Marsotto Edizioni

더 존 메이크피스 스쿨(영국, 도싯)에서 캐비닛 제작 기술을 익힌 독일 출신 디자이너 콘스탄틴 그리치치는 런던의 왕립예술학교를 졸업했다. 그리고 1991년 뮌헨에 콘스탄틴 그리치치 산업 디자인KGID을 설립했다. 그리치치의 작업은 가구, 조명, 브랜드 비주얼 개발부터 욕실 기구와 패션 액세서리, 시계 등을 전부 아우른다. 그의 소개문은 다음과 같다. "콘스탄틴 그리치치는 사람의 입장에서 기능을 정의하여, 격식에 따른 엄격함과 배려 깊은 정신적 명민함 및 유머를 결합한다. 절제된 작품들로 알려진 그리치치는 미니멀리스트로 불리지만 그 자신은 단순성에 대해 논하기를 선호한다."

그가 협업한 브랜드들 중에서도 이탈리아 제조 회사인 마르소토 에디지오니는 대리석으로 다양한 종류의 디자인을 하는 데 특화되었다. 전통적인 수작업 기술과 혁신적인 생산 시스템을 결합한 최상의 품질로 유명하다. 또한 2백 년이 넘는 긴 역사를 자랑한다. 유행에 상관없이 사용할 수 있는 가구, 가정용품 및 조명을 만들 때는 세계에서 가장 유명한 디자이너들 및 건축가들과 함께 작업하며, 이들은 놀라운 요소들을 도입하여 대리석의 쓰임새를 재조명한다.

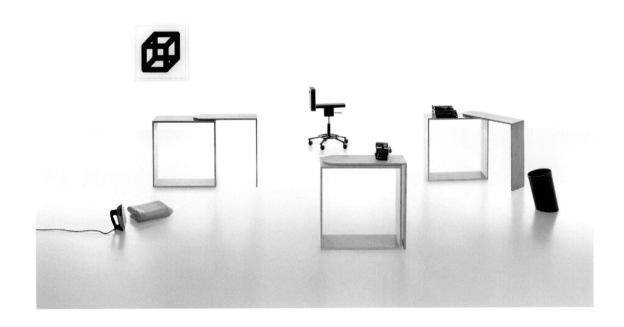

　　마르소토 에디지오니가 의뢰한 '워킹 온 마블Working on Marble' 컬렉션에서 그리치치는 책상을 디자인했다. 대리석은 단단한 소재로 인식되는데, 이 테이블은 유연성이 놀랍다. 제품 상단의 곡면으로 된 확장부는 회전이 가능하기 때문에 사무 공간이나 사용자의 필요에 따라 다양한 형태로 배치할 수 있다. 제품은 흰색의 카라라 대리석 판을 사용해 제작된 미니멀한 스타일의 책상이다. 표면은 무광 처리했다. 깔끔한 선은 일할 때 실용적이며 가장 넓게 확장한 상태라도 공간 안에서 너무 두드러지지 않는다. 그리치치는 상당히 무겁고 단단한 대리석의 성질을 극복하고 활기를 불어넣었다. 소재 면에서 보자면 분명 책상으로는 변칙적인 선택이나, 디자이너가 자신의 프로젝트 어시스턴트이자 KGID 소속인 샬럿 탤벗Charlotte Talbot과 함께 심플하면서도 실용적인 실루엣을 고안했기에 시각적인 효과가 빼어나다. 당시 마르소토 에디지오니는 다섯 명의 디자이너에게 카라라 대리석을 사용한 제품 디자인을 의뢰했는데, 그중에는 나오토 후카사와Naoto Fukasawa와 재스퍼 모리슨도 있었다.

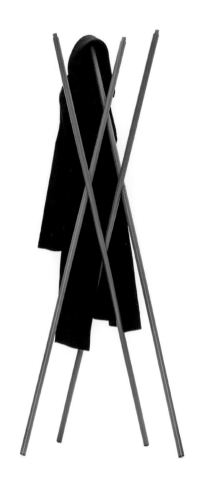

뉴 텐던시 NEW TENDENCY
해시 코트 랙 Hash Coat Rack, 2014

"뉴 텐던시는 문화적 가치를 창조하는 디자인, 그리고 지적, 기능적 및 감성적 욕구를 충족시키는 디자인이라는 군건한 신념하에 현재를 위한 아이디어에 형태를 부여한다." 베를린에 기반을 둔 이 디자인 스튜디오는 흥미로운 포트폴리오 속에서 이와 같은 대담한 복합 학문적 명제를 확인시켜 준다. 뉴 텐던시의 비전은 모더니스트 디자인과 바우하우스적 전통으로, 독일에서 수작업으로 생산된 제품을 만드는 데 자부심을 갖고 있다. 명료한 미학과 기능적 형태는 뉴 텐던시의 모든 제품이 가진 DNA를 정의하는 요소다. 마누엘 골러 Manuel Goller와 공동 창립자인 세바스티안 쇤하이트 Sebastian Schönheit가 크리에이티브 디렉터로 있는 이 브랜드는 신중히 선별한 디자이너들 및 건축가들과 함께 가구 및 액세서리를 개발한다.

골러와 쇤하이트는 독일 바이마르의 바우하우스 재학 시절에 만났다. 이들의 디자인 내면에는 초기부터 표준을 다시 정의하려는 시도가 담긴 독창적인 대담성이 존재했다. 디자인 업계에서는 두 사람을 '바우하우스의 동시대적 면모'라고 칭한다. 골러는 이렇게 설명한다. "사람들은 주로 바우하우스가 이성적이고 건설적이라고 하지만 나는 바우하우스에 공존하는 시적이고 정신적인 면에 깊은 영감을 받는다."

해시는 가루로 코팅된 철 소재로 제작된, 장난스러운 느낌을 주는 코트 걸이다. 이 제품은 놀랍고 착시 효과를 주는 방식으로 얽혀 있다. 서로를 지탱하는 네 개의 철 막대로 되어 있는데, 두 개의 X자 형태는 무너질 것처럼 보이지만 실제로는 코트, 재킷 및 기타 액세서리들의 무게를 충분히 지탱할 수 있다. 깔끔한 선들로 이루어진 이 단순한 조합은 흥미로우면서도 넉넉한 수납공간을 제공한다. 브랜드가 목표하는 바대로, 해시 코트 랙에는 시선을 사로잡으면서도 적당한 절제가 담겨 있다. 독창적인 구조는 너무 튀지 않는 형태를 이루는 덕분에 기능적이면서도 다양한 인테리어에 잘 어울린다. 또한 미니멀한 스타일로 어떤 장소에서나 쓸 수 있다. 이동이 잦은 오늘날의 노마딕 라이프스타일에 알맞게, 해시는 낱개의 철봉들로 분리·조립이 가능하다. 이 코트 걸이는 다양한 범위의 세련된 색상들로 출시되어 있어 인테리어하기도 쉽다. 뉴 텐던시 브랜드에서 생산한 다른 디자인 제품들처럼 단색이고 우아한 느낌을 준다. 절제된 미학은 바우하우스에서 영향을 받은 뉴 텐던시의 또 하나의 특징이다.

줄리엔 드 스멥트JULIEN DE SMEDT
스투프Stoop, 2012 / **베스트레**Vestre

줄리엔 드 스멥트는 이렇게 주장했다. "공공장소는 인간적으로 디자인되어야 한다. 정치적으로 연관성이 있으며, 예산 범위 내에서 건설 가능하고, 현실적인 구조를 가져야 하며, 당연한 얘기지만 스케이트보드를 탈 수 있어야 한다!" 그리고 자신의 명제를 증명해 내기 위해 몇 단에 걸쳐 앉을 수 있는 공공 벤치인 스투프를 디자인했다. 이 구조물은 주위 환경과 역동적으로 소통하며, 사람들은 계단에 융통성 있고 사교적인 배열로 앉을 수 있다. 그녀의 스튜디오는 아트 케인Art Kane이 찍은 '할렘의 어느 멋진 날A Great Day in Harlem'이라는 제목의 사진을 염두에 두고 이 작품을 디자인했다. 20세기의 유명 재즈 뮤지션들이 현관 계단stoop에 앉아 포즈를 취한 모습을 담고 있는 사진이다. 디자이너는 다음과 같이 언급했다. "당신은 브루클린에 있는 친구의 집 앞 계단에 앉아 친구를 기다리기도 하고, 관광객들은 로마의 스페인 계단에서 포즈를 취하며, 시드니 오페라 하우스의 계단에서 소풍을 즐길 수도 있다. 우리는 계단을 앉는 장소로 활용하는 보편적인 아이디어를 수용해 벤치 디자인에 도입했다." 삼각형을 띤 계단 모양의 벤치는 한 무리의 사람들이 앉는 좌석으로도 사용이 가능하며 테이블이 딸린 벤치로도 쓸 수 있다.

　드 스멥트는 스투프가 다양한 상황에 두루 활용될 수 있으리라 예상했다. 이를테면 부모들이 아이들의 경기 모습을 볼 때나 업무 회의 때, 그리고 직장 동료들과 점심 식사를 할 때 이상적이라는 사실을 발견했다. 또한 학교 운동장이나 대학교 구내에 설치하여 학생들이 노트북과 책을 놓거나 친구들과 어울리는 장소로도 쓸 수 있다. 또 다른 활용 위치로는 공공장소가 있다. 스투프는 도심의 광장에서 완벽한 만남의 장소가 될 수 있다. 활기찬 느낌의 모습, 가볍고 개성적인 구조, 그리고 실용성을 갖춘 이 디자인은 어떤 환경에서도 독창성을 불어넣어 줄 것이다. 드 스멥트가 디자인한 도시형 좌석은 표면을 나무 슬레이트로 만든 것과 재활용 고무로 만든 것의 두 가지 버전이 있는데, 모두 장기간 사용이 가능하도록 디자인되었다.

　JDS/줄리엔 드 스멥트 건축 사무소는 건축 및 디자인을 전문으로 다루는 종합 디자인 회사로, 대규모 건축 계획에서부터 가구까지 전부 다룬다. 줄리엔 드 스멥트가 설립한 이 회사는 약 30명으로 구성된 팀으로 코펜하겐, 브뤼셀과 상하이에 사무실이 있다. 이들의 프로젝트는 디자인 이슈와 다양한 전문 지식을 새로운 시각에서 보고 결합한다. "우리 스튜디오는 어떤 규모의 디자인이든 그 개요에 있어 결과물은 확연히 사회적이고, 그 포부는 열정적이며, 그 과정에 있어서는 전문적으로 접근한다."

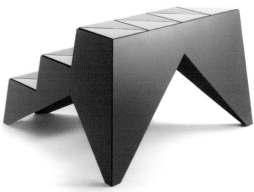

재스퍼 모리슨JASPER MORRISON
라미 아이온LAMY aion, 2017 / 라미LAMY

아이온은 전체를 알루미늄 소재로 만든 펜이다. 원형으로 잔무늬를 넣은 실크 무광 몸통에 손잡이 부분은 완전 무광으로 처리되었다. 여기에 새로운 디자인이 인상적인 스테인리스 스틸 소재의 펜촉이 달려 있다. 또한 두 가지 색과 세 가지 종류의 펜촉(만년필, 롤러볼rollerball 펜 및 볼펜) 중에서 고를 수 있다. 손잡이 부분은 무광 처리되어 있는데, 시각적으로 제품을 강조할 뿐만이 아니라 손이 미끄러지지 않도록 지지해 주는 실용적인 역할도 수행한다.

영국 출신 디자이너인 재스퍼 모리슨이 디자인한 이 펜은 라미의 포트폴리오에서 새로운 필기도구 시리즈를 개시했다. 늘씬하고 완벽한 비율의 펜 몸통, 직선적인 클립과 스테인리스 스틸 소재의 스프링으로 미니멀리스트다운 외형을 강조했다. 라미는 이렇게 설명한다. "라미 아이온은 절대적인 모던함을 드러내는데, 특히 세부 요소들에서 이를 명백히 볼 수 있다." 그리고 다음과 같이 덧붙였다. "라미 만년필에는 해당 시리즈만이 가진 특징이 있다. 바로 새롭게 만든 펜촉이다. 재스퍼 모리슨은 이 펜촉의 윤곽을 관습에 얽매이지 않는 비율로 만들었으며, 이로써 필기구에 아방가르드한 특성을 부여했다." '한 덩어리로 주조'하는 생산 과정은 라미가 제품 생산 과정에서 개발한 혁신이라고 칭할 만하다. 덕분에 제품의 부품들은 접합부 없이 매끄러운 모양새다. 플라스틱 사용을 최소한으로 줄인 아이온은 전 부품을 금속으로 만들었다. 모리슨의 디자인은 손 글씨가 주는 기쁨을 찬미한다. 또한 라이프스타일 액세서리로서 사용자의 개인적인 스타일을 표현해 준다.

영국이 자랑하는 디자이너 재스퍼 모리슨은 킹스턴 폴리테크닉에서 디자인을 전공하고, 왕립예술대학에서 석사 과정을 마쳤다. 1986년에 런던을 기반으로 스튜디오를 설립한 이래로 오늘날까지 수없이 많은 제조사와 함께 가구, 주방용품, 전자 기기, 액세서리, 조명 및 수납 솔루션 등을 개발해 오고 있다. 현재 그의 스튜디오는 런던, 파리, 도쿄에 사무실을 갖고 있다. 또한 디자인 브랜드의 컨설팅과 전시 등의 분야에서도 다수의 프로젝트를 진행한다. 1930년에 설립된 독일 브랜드인 라미는 고급 필기구 생산으로 유명한 상징적인 회사다. 시대를 초월한 미학과 완벽한 기능성이 라미의 특징이다. 이 회사는 필기에 세련된 느낌을 더하는 깔끔하고 우아한 디자인으로 국제적인 명성을 얻었다. 유행을 선도하는 라미는 연간 8백만 개 이상의 필기구를 생산해 낸다. 새롭고 스타일리시한 모델들로 고객들에게 지속적으로 놀라움을 선사하기 위해, 정기적으로 유명 디자이너들과 합작한다.

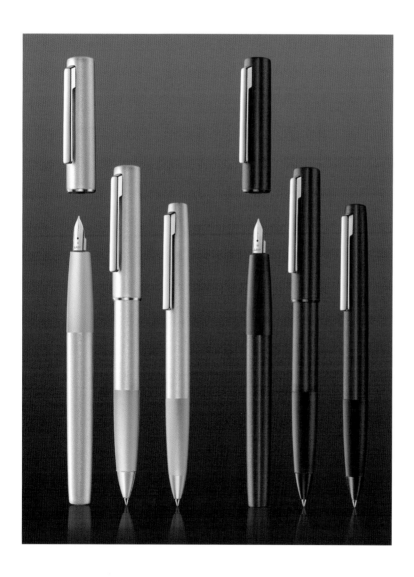

예스+라웁JEHS+LAUB

휴Hue, 2018 / **데이비스**Davis

데이비스는 인테리어 디자이너들과 최종 사용자들이 무엇을 원하며, 그들에게 무엇이 필요한지를 탐구하는 데 집중하는 가구 제작 업체다. 이들이 최근 진행한 일련의 프로젝트들은 편안함에 중점을 두고 있다. 그들의 말을 인용하자면 "공간의 느낌과 편안함, 그리고 편안함을 만들기 위해 제품들이 어떻게 함께 작용해야 하는지"에 집중한다. 독일의 스튜디오 예스+라웁이 만들어 낸, 우아한 선과 깔끔하고 건축적인 모습을 한 상자들로 구성된 휴 컬렉션은 데이비스의 철학을 상징한다.

맵시 있고 미니멀한 모습의 휴 컬렉션은 유연성이 콘셉트다. 따라서 인테리어 시에 자유도가 상당히 높다. 낮은 선반으로도 찬장으로도 높은 선반으로도 쓸 수 있고, 심지어는 옷장도 될 수 있다. 각각의 경우에도 아주 많은 선택지가 있는 이 다양한 시리즈는 사용자의 필요에 따라 어떤 인테리어에나 사용할 수 있는 시스템 가구 역할을 한다. 수납공간을 제공할 뿐만이 아니라 공간을 분리하는 심플하고 깔끔한 솔루션이 되어 줄 수도 있다. 절제된 디자인은 눈을 즐겁게 하는 동시에 주변 환경과 자연스럽게 어우러진다. 전통적인 형태는 공간을 침범하거나 특정 스타일을 강요하지 않으며, 따라서 지나치게 두드러지지도 않는다. 휴가 배경 역할을 하도록 만드는 것은 디자이너가 삼은 목표 중 하나다. 디자이너와 같은 생각을 가진 제조사 데이비스는 다음과 같이 언급했다. "모든 것과 아주 직관적으로 어우러지는 무언가를 만드는 것은 쉬운 일이 아니다. 디테일은 미묘한 문제로, 우리는 이 디테일들이 주위 환경을 망치지 않기를 바랐다." 휴는 문짝 두 개, 세 개, 네 개짜리 및 다섯 개짜리까지 있을 뿐 아니라 월넛, 오크목 또는 스물여섯 가지의 새로운 페인트 색상 중 선택할 수 있어 어떤 인테리어에나 어울리는 다양한 색을 고를 수 있다.

　마르쿠스 엔Markus Jehn과 유르겐 라웁Jürgen Laub은 슈바벤 게뮌트 조형전문 대학에서 산업 디자인을 공부할 때 만났다. 이들은 졸업 후 뉴욕에서 인턴을 한 후 1994년에 함께 회사를 설립했다. 국제적으로 유명한 제조사의 가구 및 조명 작업이 이 듀오의 포트폴리오에서 가장 중요한 특징이다. 또한 쇼룸 및 인테리어 디자인을 하기도 하고, 전시회 디자인도 한다. 예스+라웁은 형태와 소재로 실험하며, 완벽하게 기능적이면서도 시각적으로 흥미로운 물건으로 귀결된다. 이는 특히 스튜디오만의 의자 디자인에서 잘 드러난다. 안락하고 개성적이며 고품질 소재를 사용했을 뿐만이 아니라 공간에 자연스럽게 어울리는 편안한 디자인이 트레이드마크다.

하리 꼬스키넨HARRI KOSKINEN
제나노 120Genano 120, 2016 / 제나노Genano

공기 청정기 제나노 120은 효율적인 기술과 미니멀하고 우아한 디자인이 인상적이다. 핀란드 출신인 두 팀의 협업으로 탄생했는데, 디자이너 하리 꼬스키넨과 1999년에 설립된 제조사 제나노다. 새로운 공기 청정 기술의 발견이 파트너십의 물꼬를 터 주었다. 작은 공간을 위해 만들어진 이 제품은 공기 흐름을 여섯 단계로 수동 조절할 수 있으며, 시간당 최대 120세제곱미터까지 신선한 공기를 공급한다. 공기 중에 떠다니는 유해 물질이 건강에 미칠 수 있는 악영향을 효율적으로 줄이는 것이 디자인의 핵심이다. 제나노의 설명은 이렇다. "우리의 솔루션은 공기 청정이 극도로 어려운 상황에서도 사용할 수 있다. 예를 들어 공기로 전염되는 병이 의료 시설 내에 퍼지는 것을 막거나, 실내 공기 질이 좋지 않은 학교에서 공부하는 아이들에게도 안전한 학습 환경을 제공해 줄 수 있다." 제나노 120은 필터 없이 전기로 오염 물질을 제거하는 혁신적인 기술 덕분에 바이러스, 박테리아, 곰팡이 포자 또는 꽃가루처럼 생성되는 그을음 입자를 포함해 나노 사이즈의 입자들을 공기에서 거를 수 있다.

이 스마트한 공기 청정기는 고급스럽고 미니멀한, 페인트로 도색한 철 소재 통 안에 숨겨져 있는데 네 가지 색상으로 출시되었다. 부드러운 곡선 모양으로 날씬하고 길쭉한 실루엣은 큼지막한 크기의 기기와 균형을 이룬다. 제나노 120의 손쉬운 사용법은 어떤 설치 작업도 필요 없이 콘센트에 플러그를 꽂기만 하면 작동된다. 사용자가 해야 할 일은 1년에 두 번 정도 공기 중 오염 물질이 수거된 모듈을 교체하는 게 전부다.

핀란드 디자인 업계에서 꼬스키넨은 선구적인 인물이다. 2012년부터 이딸라Ittala의 디자인 디렉터로 일한 그는 핀란드 및 전 세계의 제조사들과 작업했다. 과감한 미학과 개념적인 접근으로 잘 알려진 그는 소비자와 생산자 모두에게 혁신적인 솔루션 찾기를 목표로 삼는다. 새로운 디자인 작업을 할 때 꼬스키넨은 주어진 과제 안에서의 필수 요소들을 탐색하는 것부터 시작한다. 그다음, 그의 말에 따르면, "엄격하고 이성적인 접근과 보다 자유롭고 직관적인 관점을 결합"한다. 그의 디자인은 내면에서부터 북유럽 디자인의 정수라 할 수 있다. 그는 이렇게 이야기한다. "스칸디나비아에서는 보통 각자의 개성을 탐색할 수 있는 충분한 정신적 공간을 확보하고 성장하며, 동시에 그를 사회에 환원하게 된다." 제나노 120이야말로 여기에 들어맞는, 커다란 변화를 가져올 수 있는 제품이다.

마틴 에릭슨MARTIN ERICSSON
뉴 스탠더드 IINew Standard II, 2016

런던에서 교육받은 마틴 에릭슨은 스웨덴 예테보리에 기반을 두고 활동하는 그래픽 디자이너다. 그는 2000년에 자신의 디자인 스튜디오를 설립했다. 그리고 고작 12년 후에 이 회사는 가정 및 공공 환경에서 사용하는 가구 및 제품 디자인 분야에서 익숙한 이름이 되었다. 수준 높은 재료를 사용하고, 친환경적이고, 지역 제조사들과 함께 작업하는 것이 그의 전 프로젝트의 핵심이다. 에릭슨의 비전에서 디자인은 내구성 있고 기능적이면서도 시대를 초월한 표현이 가능해야 한다. 초점은 제품의 특징을 단순하고 복잡하지 않게 만드는 데 있다. 이 제품의 깔끔한 스타일은 분명 에릭슨의 그래픽 디자인적 배경과 통하는 데가 있다. 2015년에는 직접 제작한 최초의 가구 컬렉션을 개발하여 대중에게 선보이기도 했다. 직선과 둥근 형태의 상호 작용이 특징으로, 제품의 비율과 실루엣을 바꾸는 작업을 통해 콘셉트를 발전시키는 흥미로운 과정이 최초로 도입되었다.

에릭슨이 만든 사다리인 뉴 스탠더드 II는 그로부터 1년 후에 디자인되었다. 주방 내 작업을 보다 효율적으로 만들어 줄 가볍고 우아한 제품이다. 사용자가 주방 선반을 쓰려고 올라갔을 때 충분히 안정적이면서도 쉽게 옮길 수 있다. 또한 높이는 기능적인 면에서는 충분히 높고, 올라갈 때 안정감을 줄 만큼 충분히 낮다. 사다리의 계단과 좌석 부분의 구조는 원목 애시우드 (*물푸레나무)와 철 소재로 되어 있다. 시각적인 발상을 보자면, 철 파이프의

구부러진 형태와 후면부의 비스듬한 가장자리가 대조를 이룬다. 또한 모든 다리는 적절한 균형을 위해 최적화된 각도를 유지한다. 촉감 역시 중요한 특징이다. 확연하게 나뭇결이 보이는 원목 부분과 달리 청 파이프 부분은 부드러운 무광 페인트로 칠했다. 사용자는 다섯 가지 색 중 자신의 부엌에 어울리는 것을 고를 수 있다. 가장 높이 설치된 선반도 닿을 수 있는 실용적인 이 사다리는 주방 보조 의자로도 사용할 수 있다. (1950-1980년대에 주방 스툴은 스웨덴 가정에서 중요한 역할을 했다.) 역설적이게도 뉴 스탠더드 II의 파이프 구조 부분은 수영장에서 쓰는 사다리와 비슷하다. 특징적으로 구부러진 구조는 사람이 물에서 나올 때 잡고 올라가기 좋다. 마틴 에릭슨은 물론 주방을 염두에 두고 제품을 개발했지만 시대를 초월한 우아한 실루엣은 다른 어떤 공간에서도 적절한 요소가 되어 준다.

헨릭 페데르센HENRIK PEDERSEN
바 카트Bar Cart, 2018 / 글로스터 퍼니처Gloster Furniture

헨릭 페데르센은 원래 패션 디자인을 전공했다. 하지만 대담하게도 다음과
같이 말한다. "경험과 지식도 도움이 되지만 차별성은 그 둘을 어떻게 사용하
느냐에 달려 있다. 좋은 감각과 솜씨에 대한 열정이야말로 스스로를 더 많이
발전시키는 요소다." 페데르센은 덴마크 오르후스에 있는 디자인 스튜디오인
365°를 운영하고 있다. 이곳은 가구에서 조명까지 주로 라이프스타일에 기반
을 둔 디자인들을 다룬다. 훌륭한 소재와 제작 수준, 형식적 명료성, 디테일
하나에도 주의를 기울이는 점 등이 그의 작품들에 공통으로 보이는 특징이
다. 디자이너가 세계적인 트렌드에 발맞추기 위해 많은 지역을 여행하기에 가
능하다. "나는 디자인에 의미가 있어야 한다고 생각한다. 형태, 색깔 및 소재
선택은 개별적인 각각의 디자인을 완성해야 한다. 좋은 디자인은 기능적이
고, 아름다우며 이해하기 쉬운 것이다."

페데르센이 글로스터를 위해 디자인한 바 카트는 원목 느낌을 살려 마감한 티크 목재에 스테인리스 스틸로 포인트를 주었다. 일상에서 사용할 수 있는 물건으로, 실용적이면서도 테라스나 정원에 놓이면 장식적인 요소가 되어 준다. 이 카트는 추가 수납공간으로 쓸 수 있으며, 음료나 간단한 음식을 올려 두는 대형 쟁반으로도 쓸 수 있어 유용하다. 두 단으로 되어 있어 사용 가능한 표면적이 넓다. 또한 각각의 단에 규칙적으로 긴 구멍이 나 있는데, 틈 사이의 공간이 넉넉한 편이라 청소도 쉽다. 쟁반 모양의 두 단은 모두 가장자리를 부드러운 곡선으로 처리했으며(엎질러지는 일을 방지하는 역할도 한다) 이는 단이 올려 있는 목재 소재 뼈대 부분의 둥근 막대 모양 구조가 갖는 강인한 인상을 보다 부드럽게 보이도록 한다. 페데르센이 발명한 또 다른 흥미로운 요소로는 지름이 큰 바퀴가 있다. 그래서 어디로든 부드럽게 이동할 수 있는데, 바닥이 고르지 않은 곳에서도 마찬가지다. 야외 사용 시에 매우 중요한 부분이다. 일체형 손잡이는 정밀한 위치 조정을 가능하게 해 준다.

바 카트는 제조사의 철학을 보여 주는 제품이기도 하다. 글로스터는 뛰어난 제조 기술과 훌륭한 디자인을 접목한 야외용 가구를 만드는 데 전념하는 독일 브랜드다. 이들의 목표는 고객의 기쁨이다. 글로스터가 사용하는 티크 목재는 직접 조림한 숲에서 조달한다. 천연 자원을 아끼겠다는 의지의 표현으로, 직접 조림한 숲에서만 목재를 수확한다. (글로스터가 사용하는 티크 나무의 수명 주기는 최소 50년이다!) 글로스터의 디자인은 세계적으로 유명한 디자이너들과의 협업으로 태어난다. "제품의 콘셉트가 승인되면, 디자이너들은 자신의 디자인을 더욱 정제하기 위해 우리 공장의 제품 개발 부서와 긴밀히 함께 작업한다."

좋은 디자인은 정직하다

"좋은 디자인은 제품을 실제보다 더 혁신적으로 만들거나 더 힘 있게 하거나 더 가치 있게 만드는 것이 아니다. 좋은 디자인은 지킬 수 없는 약속으로 소비자를 현혹하지 않는다."

_디터 람스Dieter Rams

디자이너로 활동하는 내내 디터 람스는 작위성을 거부했다. 람스는 디자인을 하나의 분과 학문으로 보지도 않았다. 그는 "디자인은 제품의 가치를 인위적으로 높이기 위해 제품 이름 앞에 붙이는 단순한 형용사가 아니다"라고 말했다. 또한 고객을 속일 수 있는 일종의 조작으로 보지도 않았다. 제품을 실제보다 훨씬 인상적인 것으로 만들 수 있는 여러 가지 방법이 있지만, 정직한 접근이야말로 이 책에서 언급하는 다른 모든 좋은 디자인 원칙의 출발점이다. 디자인 프로세스의 각 단계는 정확성과 품질에 초점을 맞추어야 하지만 동시에 솔직한 사고방식으로 관리해야 한다. 제품을 강력하고 가치 있는 대상으로 만드는 혁신성은 그다음에야 자연스럽게 따라올 수 있다. 디자인에서 정직성은 디자이너, 제조업체, 사용자 사이의 관계도 규정한다.

하이메 아욘JAIME HAYON
날개 침대Wings Bed, 2017 / 비트만

하이메 아욘이 디자인하고 오스트리아 제조업체 비트만에서 만든 날개 침대는 침대 디자인의 정수라고 칭할 만하다. 기발한 이미지로 유명한 이 스페인 디자이너는 창조성과 호기심으로 고안된 형태, 탁월한 균형 감각, 결합된 재료에 대한 완벽한 안목 등 자신의 대표적인 특징을 모두 사용했다.

날개 침대 디자인에 관한 설명은 '달콤한 꿈은 날개를 달고 날아온다'라는 유머러스한 표현으로 시작된다. 침대 머리맡 어느 쪽에든 붙일 수 있는 두 개의 젖힐 수 있는 날개는 포용의 효과를 상기시킨다. 이때 침대는 단순히 잠자는 곳이 아니라 시간을 보내는 장소로 봐야 옳다. 가죽 커버에 일체형 침대 옆 테이블, 움직일 수 있는 LED 독서등이 있는 날개 침대는 편리한 플랫폼이다. 관능적인 곡선과 넉넉한 덮개는 밤에 잠을 청할 때든 낮에 시간을 보낼 때든 침대를 따뜻하고 아늑한 고치로 만들어 준다. 아욘의 설명은 이렇다. "내 디자인은 사람이 사용하는, 사람을 위한 것이라는 사실을 기억하는 게 중요하다. 나는 디자인은 감정을 일으켜야 한다고 믿는다. 디자인은 우리의 기분을 좋게 해 준다. 행복감을 창조한다." 날개 침대는 확실하게 그런 기능을 한다.

아욘은 마드리드와 파리에서 산업 디자인을 공부했다. 1997년에 베네통이 설립한 디자인과 커뮤니케이션 아카데미인 파브리카Fabrica에 합류해 전설적인 사진작가인 올리비에로 토스카니Oliviero Toscani와 긴밀하게 작업했다. 아욘은 2000년에 이미 자신의 스튜디오를 세웠지만 2003년 이후에야 온전히 개인적 프로젝트에 매진할 수 있었다. 처음에는 인형, 도자기, 가구를 만들었으나 나중에는 인테리어 디자인과 설치 분야까지 포트폴리오를 확장했다. 그의 스튜디오는 이탈리아, 스페인, 일본에 사무실을 두고 있다. 비트만은 다음

과 같이 말했다. "아욘은 비트만과 긴밀하게 연결되어 있는 디자인의 시대를 존중한다. '빈 공방Wiener Werkstätte의 시대', 즉 20세기 초에 대한 전일적 접근으로 빈의 부르주아지 건축에 새로운 기운을 불어넣은 요제프 호프만의 시대 말이다." 비트만의 야심 또한 다음 세대에 전할 수 있는 가구를 만드는 데 있다. 비트만 자체가 4대째 이어져 온 가족 소유 기업이기도 하다. 디자인 측면에서의 초점은 품질과 장인정신을 놓치지 않는 우아함, 균형, 그리고 지속성이다. 1896년에 마구 제조업체로 출발한 비트만은 최고의 디자이너들과의 협력을 통해 인상적인 가구 컬렉션을 개발해 왔다.

샬럿 주이아르CHARLOTTE JUILLARD
사콧 바구니Baskets Sacot, 2017 / 리네 로제

프랑스 디자이너 샬럿 주이아르는 디자인계의 젊고 재능 있는 인재 중 한 명이다. 에콜 카몽도École Camondo에서 디자인과 인테리어 건축을 공부한 후, 캐나다 몬트리올대학교의 산업 디자인학과에서 교환 학생으로 공부했다. 그녀의 학위 프로젝트는 유명한 세브르Sèvres 공방과의 파트너십을 통해 이루어졌다. 2012년에는 베네통의 파브리카에 합류했고, 이곳에서 여러 프로젝트를 수행했다. 2014년에 파리로 돌아와서는 자신의 크리에이티브 스튜디오를 설립했다. 이후 무대미술 프로젝트를 포함하여 여러 분야를 넘나드는 디자인을 담당했다. "나는 장인의 지식이 프로젝트의 중심이 되는 수작업의 중요성을 믿는다. 내 작품들은 질감과 형태, 부드러움과 여성성이 동일한 목표를 가지고 제품에 증거를 주는 지속성 연구의 일부다." 주이아르만의 독창적 스타일은 정교한 형태, 분명한 선과 놀랍고도 매력적인 재료 결합 등이다. 도자기 스피커, 질감 있는 술 달린 거울, 전등갓의 뼈대만 있는 조명 등 그녀의 디자인 포트폴리오에는 과감한 아이디어가 드물지 않다.

리네 로제와의 협업에서는 프로방스 지역의 가죽 가방을 뜻하는 작은 바구니인 사콧을 디자인했다. 주이아르는 사콧을 잡지나 인형을 담는 데만이 아니라 복도, 거실, 책상 아래 또는 측면 테이블 위에서 사용하기에도 완벽하게 만들어 냈다. 미니멀한 형태와 우아한 색상은 어떤 인테리어 디자인과도 잘 어울릴 것이다. 사콧 바구니는 모양과 크기(17x40x40센티미터)가 완벽해서 작은 물건을 한 공간에서 다른 공간으로 쉽게 옮길 수 있다. 주이아르는 "이 프로젝트는 제품을 창조하는 과정에서 간섭을 최소화하고 싶다는 욕망에서 나왔다"고 설명한다. 그 결과 사콧에는 바느질하지 않고 접을 수 있게 만든 부분이 있다. 대신 형태를 단단하게 유지해 주는 색이 들어간 줄이 있다. 이 줄은 시각적으로 우아한 악센트를 주는 동시에 유일하게 조립할 수 있는 부분이기도 하다. 가죽은 검은색이고 줄은 회색이다.

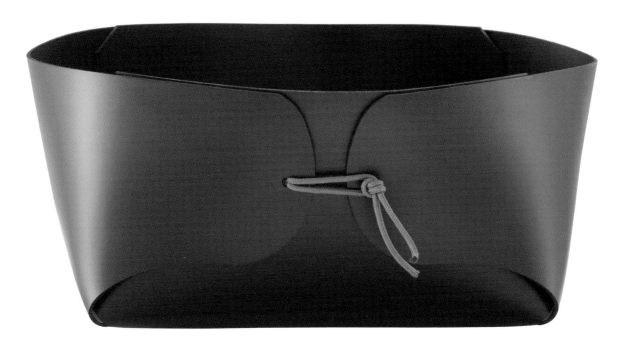

헬라 용에리위스 HELLA JONGERIUS
시트 다트 Seat Dots, 2016 / 비트라

강렬한 인상을 주는 시트 다트는 네덜란드 디자이너 헬라 용에리위스가 비트라를 위해 만든, 단순하고 시선을 사로잡으며 기능적인 디자인 작품이다. 편안한 덮개 패딩을 가진 시트 다트는 다양한 모양의 의자에 적합하다. 용에리위스는 색, 재료, 질감에 대한 지속적인 연구로 유명하다. 이 특별한 프로젝트에 잘 드러나 있다. 강한 색상부터 부드러운 색상까지 다양하게 선택할 수 있는 둥근 쿠션은 앉았을 때 더욱 안락한 느낌을 준다. 또한 색채감을 미묘하게 더해 줄 수도 있고 반대로 인테리어 장식에 과감한 느낌을 추가할 수도 있다. 어떤 경우든 다트는 트렌디하고 재미있다. 모양이 둥글기 때문에 색 효과가 강하고 눈에 잘 띈다. 그 결과 시트 다트는 형태적으로는 단순하고 미니멀하면서도 표현력이 풍부하다. 용에리위스는 이렇게 말한다. "색은 말, 형태, 재료, 물리학, 공간, 빛 등 디자인의 너무나 많은 측면을 건드린다. 색에 대한 경험은 물리적, 시각적, 예술적, 문화적 맥락에 절대적으로 달려 있다." 시트 다트의 실용적 기능 중 하나는 각각의 쿠션의 위아래를 모두 사용할 수 있고 세탁할 수도 있다는 점이다.

베를린에 있는 용에리위스의 사무실은 1993년에 문을 열었다. 직물, 도자기, 가구부터 오두막집 인테리어 디자인까지 다양한 영역의 프로젝트를 수행해 왔다. 색의 중요성이 다면적인 작업의 중심에 있는데, 아마도 용에리위스의 어머니가 패턴 제작자로 일했고 그녀가 어린 시절부터 천 조각들에 둘러싸여 자랐기 때문일 것이다. 용에리위스는 여러 해 동안 비트라의 색과 재료 부문 아트 디렉터를 지냈다. 덕분에 비트라 색 & 소재 도서관이 만들어졌다. 비트라는 이 도서관이 '비트라의 많은 제품 컬렉션에서 다양한 재료와 색의 유연한 결합을 가능하게 하는 시스템'으로 이용되었다고 말한다. 용에리위스는 재료만이 아니라 직물의 색과 질감이 지닌 품질과 가능성을 철저히 연구했다. 또한 수백 개의 제품을 분석하고, 기존 비트라 제품의 색상을 아카이브에 있는 본래 사양과 비교해 개선할 점이 있는지 파악했다. 용에리위스는 이 흥미로운 작업의 복잡한 과정을 담은 책『내게 최고의 색이란 없다 I Don't Have a Favourite Colour』를 출간하기도 했다.

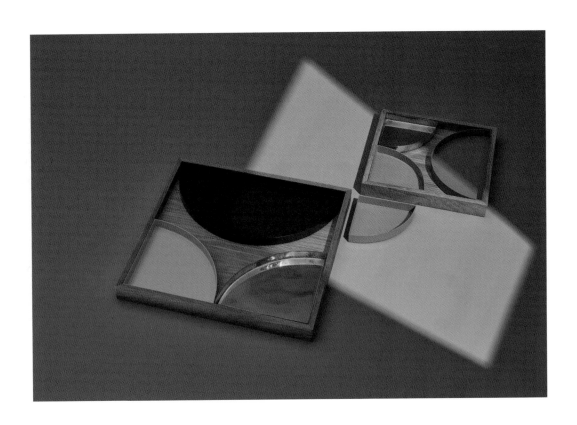

AYTM
유니티 트레이Unity Tray, 2017

2004년부터 그란 리빙 ApSGran Living ApS를 운영해 온 커플, 캐스린Kathrine과 페르 그란 하르트비센Per Gran Hartvigsen은 새로운 소재와 새로운 색으로 덴마크 럭셔리 디자인을 재발명하기 위해 새로운 브랜드인 AYTM을 만들었다. 그들은 참신함으로 놀라움을 선사하고 신선한 미학으로 눈을 기쁘게 할 뿐만이 아니라 시간의 시험을 견디는 고품질의 가정용품 생산에 초점을 맞춘다. AYTM의 컬렉션은 재능 있는 사내 디자이너 팀과 제품의 다양성을 키우기 위해 초청한 장인들 및 엔지니어들이 공동으로 제작한다. 그 결과 스타일과 형태와 기본 색상의 사용에서 매우 북유럽적인, 균형 잡혀 있으면서도 단순한 제품이 탄생했다. 사실 북유럽 디자인에 대한 AYTM의 접근은 훨씬 풍부하다. "우리는 제품 하나하나가 고유하고 시선을 사로잡기를 바란다. 그러나 동시에 모든 제품이 하나의 컬렉션으로서 환상적인 분위기를 만들어 내는 것도 중요하다."

단단한 황동으로 만든 유니티 트레이는 집 장식을 위한 매우 우아한 선택이 될 것이다. AYTM은 "재료, 색, 형태가 완벽하게 조화될 때 강력한 시각적 효과가 창출된다"고 말한다. 기하학을 재치 있게 활용한 이 시리즈는 크기가 다른 두 개의 사분원과 하나의 반원 등 세 가지 요소로 구성된다. 컬렉션의 각 구성 요소는 일반적인 트레이로 사용할 수도 있지만 장식용품으로도 사용이 가능하다. 다양한 구성으로 조합할 경우(유니티 트레이는 형태, 색, 크기가 다양해 유연한 조합이 가능하다) 대조적인 색깔로 구성할 수 있어 어떤 테이블에 올려놓아도 독창적인 느낌을 줄 수 있다. 트레이는 금색, 은색 및 더스티 그린 또는 보르도 등 다양하고 독특한 색상으로 출시되었다. 광택 처리를 했거나 하지 않은 분말 코팅 강철은 제품의 품격을 더해 준다. AYTM 그래픽 라인의 시그니처를 최대한 활용하는 유니티 트레이는 기능적 측면과 미학적 측면이 완벽하게 섞여 있다. 집 인테리어를 위한 AYTM의 컬렉션은 주로 식당, 거실, 주방을 위해 디자인되었으나 일반적인 용도로도 폭넓게 사용할 수 있다.

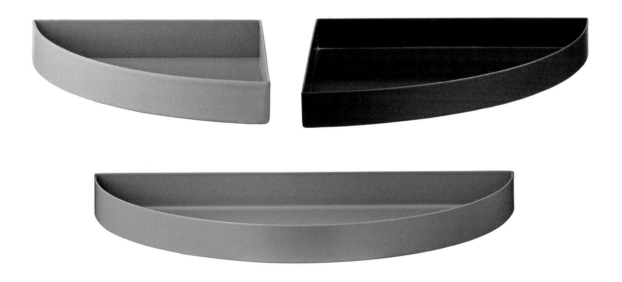

토마스 베른스트란드THOMAS BERNSTRAND
+
린다우 & 보르셀리우스LINDAU & BORSELIUS
혼켄 벤치 Honken Bench**, 2015 /블로 스테이션**Blå Station

혼켄 시리즈는 '실험 2015' 프로젝트의 일환으로 스웨덴 가구 제조업체인 블로 스테이션을 위해 디자인되었다. 실험 2015는 메인 디자이너인 토마스 베른스트란드와 스테판 보르셀리우스Stefan Borselius, 조한 린다우Johan Lindau 등의 디자이너들이 참여한 오픈 디자인 프로세스다. 한 가지 지침을 바탕으로 한 이 프로젝트를 통해 세 가지 제품이 탄생했다. 하이라이트는 두 사람이 친숙하게 앉는 용도로도 쓸 수 있는 널찍한 혼켄 벤치다. 우아하고 투명한 금속판 구조는 시리즈의 다른 구성품들과 마찬가지로 단단한 참나무를 사용해 우드 터닝(*갈이칼로 목재를 깎는 일) 방식으로 만든 다리 위에 올려 있다. 혼켄 벤치는 여러 방식으로 사용할 수 있다. 이 컬렉션의 테이블과 함께 커피 테이블로 쓸 수도 있고, 독립적인 의자로 쓸 수도 있다. 보통의 벤치와는 달리 몸체 전체가 단단한 나무로 만들어졌다. 다리 상단의 광택 처리된 강철 잠금장치는 유일하게 시각적으로 도드라지는 부분이다. 벤치의 단순함과 간결함은 놀랍다. 탁월한 솜씨와 단단한 목재의 변하지 않는 아름다움의 결합은 강하고 미적이며 오래 지속되는, 조각과 같은 형태를 만들어 낸다.

유일하게 디자이너의 과감한 터치가 담긴 다리의 발랄한 각도는 전체 구조

에 가벼움을 더한다. 혼켄 컬렉션은 또 테이블과 라운드 커피 테이블로 구성된다. 이 컬렉션의 메인 디자이너인 토마스 베른스트란드는 여러 학교에서 공예, 디자인, 산업 디자인을 공부했다. 그의 접근은 매우 기능적이지만 사용자들이 일상에서 진정으로 상호 작용할 수 있는 제품을 만든다. 스테판 보르셀리우스는 (그의 솜씨 좋은 할아버지와 증조할아버지의 뒤를 이어) 가구 목공과 디자인을 배웠다. 제조업체인 블로 스테이션은 다음과 같이 말한다. "제품을 만들 때 스테판 보르셀리우스는 무엇도 우연에 맡기지 않는다. 모든 디테일 하나하나와 모든 기능, 그리고 재료나 기술이 제공할 수 있는 모든 특징을 체계적이고 전폭적으로 살핀다."

조한 린다우는 블로 스테이션의 디자인 매니저이자 CEO다. 재료, 기술, 산업 프로세스에 두루 박식한 그의 목표는 간결하고 효과적이면서도 기능적인 솔루션 개발이다. 이 때문에 린다우가 함께 일하는 디자이너들은 확신과 헌신, 그리고 통찰이 있어야 할 뿐만이 아니라 디자인을 진지하게 대하는 사람이어야만 한다. 세 디자이너는 종종 팀을 이루어 자신들의 다양한 재능과 광범위한 가구 제작 경험을 공유한다.

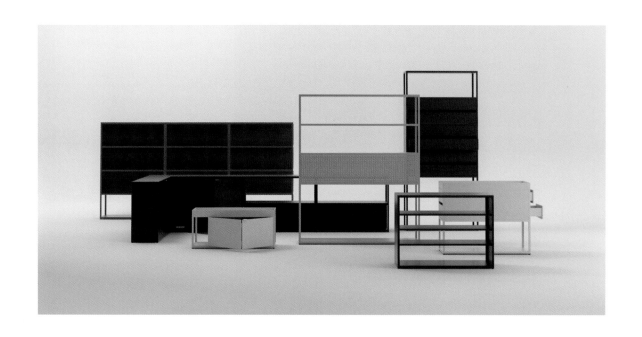

스테판 디에즈STEFAN DIEZ
뉴오더 2.0 New Order 2.0, **2014 / 헤이**

다용도성에 초점을 맞춘 뉴오더 컬렉션은 서로 연결된 알루미늄 소재 부품들로 제작되었으며, 아주 유연한 업무 공간 시스템이다. 모든 구성 요소가 모듈 방식으로 되어 있어 선반에 물건을 얹고 저장하는 데 있어 거의 무한대의 조합이 가능하다. 훨씬 더 효율적이고 업데이트된 버전인 뉴오더 2.0은 헤이팀과 디에즈 오피스DIEZ OFFICE의 협업을 통해 개발되었다. 테이블, 패널, 서랍, 문 이외에도 업무 공간 관리 솔루션 등이 추가되면서 컬렉션은 더욱 커졌다. 처음에는 홈 오피스를 위해 만들어진 이 확장된 시스템은 바쁘고 계속해서 바뀌는 사무 환경을 염두에 두고 개발되었다. 디자인 목표는 업무 공간에서 보다 효율적으로 사용할 수 있는 도구들을 제공하는 것이다.

뉴오더 2.0은 패널이나 문을 어떤 방향에서든 설치하고 접근할 수 있다는 점에서 개방적이다. 스테판 디에즈가 디자인한 이 적응성 좋은 시스템은 공유 오피스 기업인 위워크WeWork에 독창적인 솔루션들을 제공했다. 뉴오더는 공간을 기능적이고 우아하고 합리적인 방식으로 정돈하도록 도와주면서 공간을 분할하는 동시에 공간을 창출하는 역할을 한다. 시각적으로 가벼운 뉴오더의 모든 구성 요소는 내구성이 높으면서도 정교하다. 그래픽 라인은 미니멀한 모습에 기여한다. 제조업체인 헤이는 이렇게 설명한다. "뉴오더는 품질에서 타협하지 않는 제품을 만든다는 우리의 열망을 반영해 100퍼센트 공산

품으로 탄생한다." 열려 있는 구조물들은 패널, 트레이, 선반, 서랍, 슬라이딩 도어 등 닫혀 있고 간결한 구조물과 결합할 수 있다. 측면도 창조적이고 개방적인 구성을 할 수 있는 여지를 충분히 제공한다. 배치를 바꾸고 싶을 때는 언제든 손쉽게 조절할 수 있다.

  뮌헨에서 활동하는 스테판 디에즈는 2002년에 자신의 스튜디오를 설립했다. "디에즈 오피스의 실천은 기술적 전문성, 실험에 대한 본능과 열정을 통한 혁신을 특징으로 한다." 그는 4대째 목수를 업으로 삼고 있는 집안에서 태어났고, 이것이 커리어에 커다란 영향을 미쳤다. 디에즈는 캐비닛 제작자 교육을 받은 후에 산업 디자인을 공부했다. 자신의 팀원들뿐 아니라 지역 장인들, 전문가들의 지원을 받아서 대담한 콘셉트를 내세운 제품을 효율적으로 변형시키는 넓은 스펙트럼의 프로젝트들을 탐색하고 있다. 프로젝트는 분야를 가리지 않는다. 디에즈의 미학적 접근은 군더더기 없고 정확하며 미니멀하다.

마탈리 크라세MATALI CRASSET
트위스트 라 비Twist la vie, 2017 / 텍스Tex(까르푸Carrefour)

프랑스 슈퍼마켓 체인인 까르푸의 섬유 분야 브랜드인 텍스는 마탈리 크라세에게 1년간 여러 시즌을 수용할 수 있는 컬렉션을 만들어 달라는 의뢰를 했다. 그러면서 디자이너에게 백지수표를 건넸다. 이때 텍스가 내건 유일한 조건은 시리즈를 구성하는 모든 제품이 개별적으로 공개되어야 한다는 것이었다. '트위스트 라이프Twist life'는 시리즈의 모든 제품을 관통하는 낙관적인 라이트-모티프다. 크라세는 다음과 같이 말한다. "이 컬렉션은 삶을 즐겁게 살아 보자고 제안한다. 서로 나누고, 만나고, 고른 색깔의 넉넉한 색조를 통해 자신을 표현하자고 초청한다." 이른바 '1막'의 하이라이트는 '집 주변에서'라는 제목의 주제다. 처음 출시되었을 때가 봄이라는 점을 암시하는 이 장식적인 모티프는 자연에서 영감을 받았다. 크라세는 에너지를 받아 성장해서는 복잡한 그래픽적 구성으로 확장하는 식물의 가지에서 영감을 받은 직선적 패턴을 창조했다. "나는 식물로부터 영향을 받은 패턴을 개발하기로 결심했다. 식물은 보편적으로 공유되는 언어이기 때문이다. 식물 패턴은 디자인의 영감으로 깊이 뿌리내리고 있다. 식물은 생명의 은유다."

욕실, 침대, 거실을 위한 스무 가지 아이템 가운데는 세 개가 한 세트인 수건이 있다. 수건이 단색이기 때문에 수건의 질감은 리듬감 있는 패턴에 더욱 매력적인 효과를 선사한다. 그러나 크라세는 색상을 활용해 대조적인 느낌을 만듦으로써 세 가지 색의 수건들이 조화로운 하나의 세트를 이루도록 했다. 마지막으로 빼놓을 수 없는 것이 있다. 가격이 매력적인(크라세에게 특히 중요한 측면이다) 이 컬렉션은 품질 좋고 지속 가능한 섬유로 만들어졌다.

크라세는 파리에 있는 국립 산업 디자인학교에서 마케팅과 산업 디자인을 전공했다. 밀라노에서 드니스 산타치아라Denis Santachiara, 파리에서 필립 스탁과 함께 일한 후 1998년에 자신의 스튜디오를 설립했다. 그리고 4년 뒤에 사업체인 마탈리 크라세 프로덕션을 세웠다. 그녀의 작업은 순수한 형태를 거부한다. 크라세는 무대미술부터 가구, 수공품부터 전자제품, 그래픽부터 인테리어 디자인까지 다양한 영역을 탐색한다. 모듈성과 유연성은 그녀의 디자인이 갖는 주요 주제다.

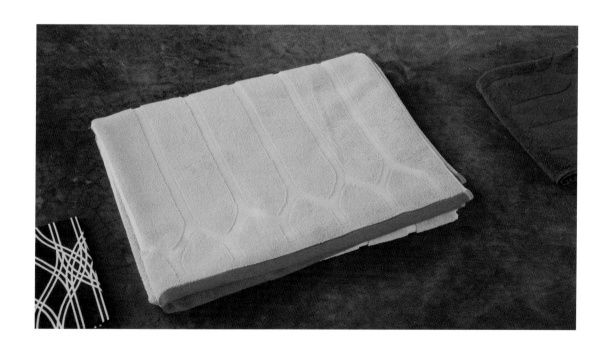

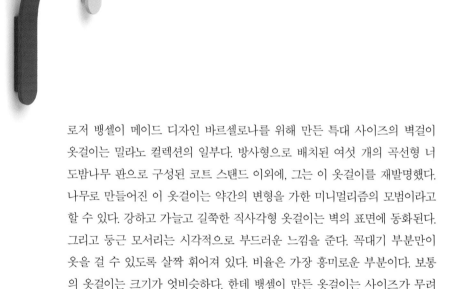

로저 뱅셀ROGER VANCELLS

밀라노Milano, 2016 / 메이드 디자인Made Design

로저 뱅셀이 메이드 디자인 바르셀로나를 위해 만든 특대 사이즈의 벽걸이 옷걸이는 밀라노 컬렉션의 일부다. 방사형으로 배치된 여섯 개의 곡선형 너도밤나무 판으로 구성된 코트 스탠드 이외에, 그는 이 옷걸이를 재발명했다. 나무로 만들어진 이 옷걸이는 약간의 변형을 가한 미니멀리즘의 모범이라고 할 수 있다. 강하고 가늘고 길쭉한 직사각형 옷걸이는 벽의 표면에 동화된다. 그리고 둥근 모서리는 시각적으로 부드러운 느낌을 준다. 꼭대기 부분만이 옷을 걸 수 있도록 살짝 휘어져 있다. 비율은 가장 흥미로운 부분이다. 보통의 옷걸이는 크기가 엇비슷하다. 한데 뱅셀이 만든 옷걸이는 사이즈가 무려 34x4x10센티미터다. 상당히 크다.

뱅셀의 옷걸이는 조각 같은 형태의 단순한 솔루션을 제공한다. 그리고 가벼운 구조는 우리 일상에서 실용적인 도움을 주기도 한다. 뱅셀은 사이즈를 활용해 우리의 인식에 도전하는 고유한 외양을 만들어 낼 뿐만이 아니라 더욱 많은 안정성을 제공한다. 강한 옷걸이는 쓰러지거나 벽을 손상시킬 위험 없이 엄청나게 무거운 옷도 걸 수 있다.

바르셀로나에서 활동하는 뱅셀은 제품과 환경을 디자인하는 데 매
진했다. ESDAP 요티아LLotja와 에스콜라 마사나Escola Massana에서 산업 디
자인을 공부한 그는 언제나 새롭고 일관된 방식으로 디자인하는 것을
목표로 삼아 왔다. 뱅셀은 다음과 같이 말한다. "작업 방식은 횡단적이
고 경험을 바탕으로 해야 하며, 매력적이고 기능적이고 독특한 솔루션
과 혁신에 도달하기 위한 지속적인 연구 결과를 통해 디자인이라는 도
구를 사용해 일상의 아름다움을 드러내는 데 집중해야 한다." 뱅셀의
포트폴리오는 가구, 조명, 포장, 전자제품으로만 이루어져 있지 않다. 소
매, 기업, 전시 공간과 한시적인 설치 작업도 포함되어 있다. 또한 미겔
앙헬 훌리아Miquel Angel Julià와 함께 여러 분야를 디자인하는 스튜디오
누클리Nuklee를 운영하고 있다. 2010년 설립된 메이드 디자인은 유명 디
자이너들과 협업을 통해 가정, 사무실, 공공 공간을 위한 액세서리를
제조한다.

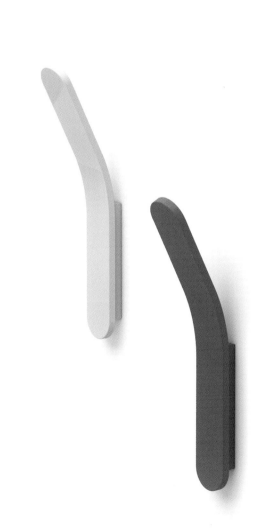

마르크 베노MARC VENOT, 앙투안 레쥐르ANTOINE LESUR
페스티벌Festival, 2013

1979년생으로 젊은 디자이너에 속하는 마르크 베노의 경고는 다음과 같다. "내일 우리는 더욱 늙을 것이다." 프랑스 출신인 베노는 앙투안 레쥐르와 함께 노후의 삶을 편하게 만들어 주는 디자인을 모색하고 있다. "우리는 나이가 들었을 때 삶의 필수적인 동반자가 되는 지팡이에 관심을 가졌다." 그가 고안한 4가지 초기 모델에서의 핵심 요소는 디자인, 편리함, 인체 공학이다. 가구와 비슷하게 몸을 지탱할 수 있고 인공 보철물과 비슷하게 몸의 연장이 될 수 있는 구조를 만드는 것이다. 두 디자이너에게는 지팡이가 단순히 기능적인 역할로 축소되지 않고 심미적인 기쁨도 줄 수 있도록 하는 게 특별히 중요했다.

노인의 보행은 까다로운 문제다. 또한 신체적 쇠락을 받아들이기란 어렵다. 베노와 레쥐르는 지팡이를 심미적으로 아름답게 만들면 이 과정이 덜 고통스러우리라 믿었다. 지팡이를 신선하고 독창적인 모양으로 만들면 노인들이 지팡이를 자신의 신체적 허약함을 보여 주는 증거가 아니라 스타일리시한 액세서리로 받아들임으로써 지팡이 사용을 꺼리지 않도록 할 수 있지 않을까 생각했다. 그래서 두 디자이너는 지팡이를 새로운 차원으로 끌어올렸다. 네 가지 초기 모델(엘르elle, 엘로니elonie, 해리harry, 제리jerry)을 만들기에 앞서 최대한의 인체 공학적 설계를 위해 광범위한 테스트를 거치기도 했다. 각각의 모델은 우아하다. 기존의 칙칙한 보행 보조 기구와는 거리가 멀다. 나무, 가죽, 알루미늄을 비롯해 여러 가지 최고의 소재를 사용한 이 지팡이는 가늘면서도 단단하고 게다가 모양도 좋다. 굴곡과 크기, 손잡이는 개인의 신체와 취향에 따라 조절할 수 있다.

파리에서 활동하는 마르크 베노는 수학과 물리학을 공부한 뒤 산업 디자인을 공부했다. 국립 산업 디자인학교를 졸업한 후 럭셔리 브랜드를 전문으로 하는 프랑스의 글로벌 디자인 에이전시에서 일했다. 2011년에 자신의 스튜디오를 설립해 가구부터 제품 디자인까지 다양한 프로젝트를 수행했다. 베노의 작품들은 정교함과 탁월한 상상력을 결합한다. 그는 형식과 소재를 활용해 잘 알려진 사물들을 재발명하고 신선한 관점을 제공한다. 에콜 불레École Boulle에서 공부한 앙투안 레쥐르는 10여년에 걸쳐 여러 에이전시에서 일했는데, 그중 절반은 패트릭 주앙Patrick Jouin의 스튜디오에서 일했다. 2012년에 자신의 스튜디오를 세운 이후로 제품과 가구부터 공간 디자인까지 다양한 영역에서 활동하고 있다.

마크 데이MARK DAY
직불 카드 Debit Card, 2018 / **스탈링 뱅크**Starling Bank

벨라루스 디자이너 마크 데이는 직불 카드를 90도로 돌려서 현대적이고 미니멀한 레이아웃을 적용했다. 모바일 앱을 기반으로 하는 디지털 전용 은행인 스탈링 뱅크의 의뢰를 받아 탄생한 이 직불 카드는 시대의 변화를 대변하는 상징이다. 데이는 이렇게 말한다. "디자인은 어떤 문제를 해결하거나 새로운 필요를 충족하기 위해 진화한다. 은행 카드는 지금까지와 달라졌다. 기존의 은행 카드는 카드 머신에 맞춰서 가로가 긴 모양으로 디자인되었다. 또 매출 바우처에 인쇄할 수 있도록 번호를 돋을새김으로 새겼다. 그러나 우리는 더 이상 그런 카드 머신을 사용하지 않는다. 따라서 가로가 긴 모양으로 된 카드는 더는 존재하지 않는 '문제'를 위한 해법이다." 카드를 그어서 물건을 사고 비밀번호를 입력해야 했던 시대는 오래전에 사라졌다.

이 프로젝트의 배경에 있는 아이디어는 매우 실용적이다. 카드를 우리가 실제 사용하는 방식에 맞도록 다시 디자인하자는 것이다. 계산대에서 계산을 하든 ATM에서 현금을 뽑든 오늘날 우리는 수직으로, 달리 말해 세로가 긴 형태로 카드를 사용한다. 흥미롭게도 스탈링 뱅크 카드의 뒷면은 여전히 가로가 긴 형태로 되어 있기 때문에 거래를 쉽게 해 준다. 뒷면을 가로가 긴 형태로 유지한 것은 뒷면에 여러 정보가 적혀 있고, 읽기에는 가로가 긴 형태가 더 쉽기 때문이다.

스탈링 뱅크는 수직으로 디자인된 직불 카드를 만든 영국 최초의 은행이다. 그러나 버진 아메리카, 크레디트 유니온, 캐피탈원처럼 이전에도 이미 이런 모양의 카드를 도입한 은행들이 있다. 많은 사람들은 이 고객 친화적인 카드를 단순한 눈속임이라고 보지만 실제로는 ATM이나 카드 머신에 카드를 꽂을 때 훨씬 직관적이어서 편리하다. "우리가 지갑에서 지폐를 꺼내서 돈을 지불하는 방식을 생각해 보면 수직 형태가 보다 합리적이다." 마크 데이의 말처럼 이런 시도가 순전히 개념적인 수준에 그친다고 하더라도 이러한 변화는 우리 삶에서 실제로 일어나고 있다. 일례로 캐나다의 최신 10달러 지폐는 세로가 긴 형태로 만들어졌다.

좋은 디자인은 오래간다

"패셔너블함을 지양하면 시간이 흘러도 절대 시대에
뒤떨어져 보이지 않는다. 패셔너블한 디자인과는 달
리, 이런 디자인들은 오늘날처럼 물건을 쉽게 쓰고
버리는 시대에도 오래 지속된다."

_디터 람스Dieter Rams

빠르게 변하는 라이프스타일과 그 안에 깃든 기술의 급격한 발전은 지속적인 접근과는 거리가 멀고, 소비주의를 촉진하는 편이다. 계절마다 바뀌는 유행은 우리로 하여금 주기적으로 스타일을 바꾸게 만든다. 또한 끊임없이 새로운 기술이 개발되는 바람에 계속하여 최신 모델을 구입하도록 강요한다. 디터 람스는 이를 경고했다. "우리의 현재 모습은 미래 세대가 그 경솔함에 치를 떨 만한 상태로 보인다. 오늘날 우리는 집, 도시, 그리고 풍경을 갖가지 쓰레기들이 만드는 혼란으로 채우고 있다." 그의 말처럼 우리들은 진정 낭비의 시대를 살고 있는지도 모른다. 지금은 삶의 방식과 환경을 대하는 자세에 대한 고민이 매우 절실한 때다. 미래를 위한 디자인은 천연 자원을 보호하고 지속 가능한 방식만이 아니라 모든 면에서 이루어져야 한다. 또한 오랜 기간 사용 가능해야 하며, 특히 개인적으로 사용하는 물건의 경우 점점 늘어 가는 쓰레기를 줄일 수 있어야 한다.

프랑수아 아장부르FRANÇOIS AZAMBOURG
그릴리지Grillage, 2012 / 리네 로제

종이로 접은 듯 여유롭게 접힌 모양의 그릴리지(프랑스어로 '그물')는 구멍 뚫린 철제 시트로 제작되었다. 시트는 그물 모양으로 늘인 다음 접힌 상태로 구부러진 철제 프레임 위에 얹혀졌다. 컬렉션을 구성하는 소파와 팔걸이의자 모두 인체 공학적 형태를 갖춘 덕에 비교적 단단한 소재를 사용했음에도 앉았을 때 편안한 느낌을 준다. 프랑수아 아장부르는 철을 사용하여 주위 환경에 통합되는 가볍고 섬세한 실루엣을 만들어 냈다. 구멍 뚫린 구조는 야외에서 햇빛을 받으면 재미있는 효과를 낸다. 형태에 완벽하게 들어맞는 특별한 퀼트 덮개를 씌울 수도 있다. 덮개 안에 자석을 고정시켜 두었기 때문에 쉽게 사용 가능하다.

전체가 철 소재로 완성된 이 가구는 실내와 야외 모두에서 사용할 수 있지만 대부분은 테라스에서 사용될 것이다. 특히 정원에 놓여 있을 때 소재가 더욱 부각되는데, 내구성과 기능성이 탁월한 덕분이다. 어떤 날씨에서도 사용할 수 있는 소재를 택함으로써 오랫동안 사용할 수 있다. 이 컬렉션은 늘리고, 접고, 주름을 잡는 등 모든 생산 단계에서 특정 제조 과정을 거침으로써 복잡성을 강조했다. 제조사인 리네 로제는 이 단계를 이렇게 설명한다. "그릴 리지를 제작하기 위해서는 먼저 한 장의 철판에 일정 간격으로 줄 모양 홈을 판 상태에서 늘린다. 그다음 땜질로 철사를 하나하나 연결해 외관을 만든다. 이렇게 해서 얻은 철판을 다양한 지점에서 접어 좌석 부분을 만드는데, 수작업으로 진행되는 이 과정을 통해 각각의 의자가 제각기 개성을 갖는다. 의자의 형태는 시간이 지나면서 진화할 것이다."

아장부르는 오늘날 가장 인지도가 높은 프랑스 디자이너 중 한 사람이다. 그는 자신의 작업이 '대량 생산이나 수작업, 혁신적이거나 전통적인 방법을 가리지 않고 '소재의 형태를 만드는 과정이 갖는 풍부한 표현력의 가능성'을 탐색하는 데 초점을 둔다고 전한다. 디자이너가 거친 교육 과정은 매우 흥미롭고 열려 있는 느낌을 준다. 고등학교 때 전자 기술을 배운 그는 파리의 국립고등예술학교에서 순수미술을 전공했고, 뒤이어 파리에 있는 올리비에 드 세르 국립디자인학교의 예술 전공 분야에 지원했다. 아장부르가 수학한 예술과 기술의 복합적 과정은 소재와 제조 과정에 대한 해박한 지식에서 영향을 받아 완성된 천재적인 디자인에 고스란히 드러난다. 아장부르는 두 분야 모두의 한계를 시험한다.

놈 아키텍츠NORM ARCHITECTS
스틸 벽시계Steel Wall Clock, 2017 / 메뉴Menu

놈 아키텍츠는 2008년에 요나스 비에레-포울센Jonas Bjerre-Poulsen과 카스페르 론 폰 로츠벡Kasper Rønn Von Lotzbeck이 코펜하겐에 설립한 스튜디오다. 이들은 재능 있는 팀을 꾸려 산업 디자인 및 주거 건축 분야만이 아니라 상업 공간 인테리어, 사진 및 아트 디렉팅 등의 분야에서도 두루 활동하고 있다. 놈 아 키텍츠는 스칸디나비아 디자인의 전통에서 영감을 받고 시대를 초월한 미학 과 천연 소재를 중요하게 여기면서 절제와 품위라는 모더니스트적 원칙을 지

키고 있다. 또한 디자인에서 품질, 디테일 및 내구성에 초점을 맞춘다. "우리의 프로젝트들은 개인적 선호를 떠나 어떤 것이 인간의 감각을 고양시킬 수 있는지를 탐색하는 과정에서 공간, 물건, 개념 및 이미지들을 가장 단순한 형태로 되돌린다. 우리의 작업은 균형을 찾는 일이다. 이 균형은 더할 것도, 덜어 낼 것도 없는 상태다."

그들이 전하는 맥락에 꼭 들어맞는 스틸 벽시계는 단순함이 더욱 커다란 개념을 갖는다는 디자이너들의 철학을 확인시켜 준다. 디자인을 최소한으로 줄인 둥근 시계 판에는 시계의 기본인 시계바늘만 있다. 필수 요소에만 집중한 게 놀랄 만큼 아름다운 효과를 낸 것이다. 이 시계는 어디서나 잘 보이지만 너무 튀지는 않는다. 순수하지만 강렬한 형태는 시계 판에 숫자가 없기 때문에 시간을 읽기 위해 집중하는 짧은 순간 안에 충분한 주목을 끈다.

코펜하겐을 기반으로 하는 제조사 메뉴의 사명은 디자인을 통해 세상을 더 좋고 덜 복잡한 곳으로 만드는 것이다. 그들은 이 시계를 '시간을 초월한'이라는 표현에 새로운 의미를 부여했다고 칭찬했다. 초월성에 한 가지 의미를 더했다는 말은 이 시계가 시와 분의 형태를 덜어 냈다는 말이라기보다는, 이들이 높은 품질의 소재를 통해 시계를 영구적인 물건으로 만들었으며, 바로 이 점이 제품을 시대를 초월한 디자인으로 바꾸었다고 봐야 할 것이다. 이 벽시계는 거울처럼 광을 낸 철 및 무광 놋쇠, 그리고 대리석 버전으로 출시되었다. 비에레-포울센은 이렇게 전했다. "스마트폰이 전통적인 시계를 대체해 가고 있는 오늘날, 우리는 클래식한 벽시계의 부활을 보고 싶었다. 아름다우며 동시에 뛰어난, 기품이 있는 물건으로서 말이다." 절제되고 극적인 디자인의 놈 아키텍츠라면, 분명 시계를 제자리로 돌려놓을 수 있으리라. 우아하고 클래식한 외관을 갖춘 이 시계는 집이나 사무 공간, 또는 공공장소 등 어떤 인테리어에서도 시간을 알린다.

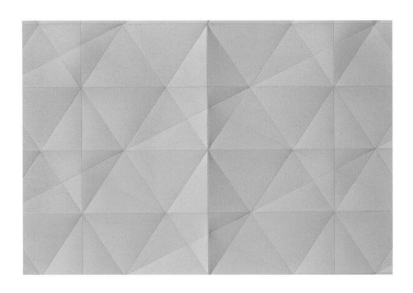

노멀 스튜디오NORMAL STUDIO

판베톤® 델리케이트 Panbeton® Delicate, 2017 / **콘크리트 LCDA**Concrete LCDA

종이접기의 섬세한 기술은 벽면 장식의 새로운 시대를 연 델리케이트에 영향
을 주었다. 노멀 스튜디오가 콘크리트 LCDA의 판베톤® 컬렉션을 위해 개발
한 콘크리트 소재 장식 판인 델리케이트는 벽면 피복 제품이다. 표면은 아무
처리도 하지 않은 콘크리트 소재이고, 뒷면은 초경량 폼보드로 되어 있다. 이
구조물은 쉽게 옮기고 빨리 설치할 수 있으면서도 (콘크리트 소재이기 때문에)
벽면 장식이 오래 유지된다. 판베톤®은 초경량 콘크리트가 개발하며 이를 사
용한 혁신적인 기술로 미니멀하고 시대를 초월하는 특징을 가지는 브루탈리
즘brutalism의 매력이 되살아나게끔 한다.

  디자이너는 다음과 같이 말한다. "우리는 콘크리트로 정교한 각인을 제작
해 판넬을 만들었다. 실험을 거듭한 끝에 종이를 접었을 때 느낄 수 있는 섬
세함을 보여 줄 수 있는 접이식 기술을 사용하기로 결정했다. 그에 따라 접힌
부분과 다양한 층이 갖는 미묘함을 그대로 드러낼 수 있는 과정을 개발했다.
종이를 접어서 생긴 듯한 기하학적 패턴이 판넬의 전체 표면을 덮고 있다. 이
때문에 보는 사람은 이 콘크리트 시트가 만드는 교묘한 구성에 넋을 잃는다.
넓은 면적에 사용하면 패턴은 조명에 따라 미묘한 공명을 발산한다. 판넬 위
로 은은하게 빛을 비추면 무늬가 나타나고, 직접 빛을 받으면 무늬가 사라진
다." 판넬 한 개는 2600x90밀리미터고, 무게는 35킬로그램이다. 일곱 가지 색
과 세 가지 마감 처리로 출시되었다.

노멀 스튜디오라는 이름 뒤에는 장-프랑수아 딩지안Jean-François Dingjian과 일로이 차파이Eloi Chafaï가 있다. 이들은 2006년에 함께 회사를 설립했으며, 주요 목표는 정확한 형태가 특징적인 기본적 디자인을 홍보하는 것이다. 분야에 따라 다른 크기와 다양한 소재를 다루며 작업하지만 기본적으로 '서로 다른 세계들 간의 기술을 옮기는' 일에 흥미를 느낀다고 한다. 이들의 디자인의 중심은 디자인할 물건을 위한 정식 리서치가 아니라 형태를 만들어 내는 도구 쪽이다. 디자인의 사회적 및 문화적 가치를 굳게 믿는 두 사람은 동시대의 유행을 견뎌 낼, 시대를 초월한 물건을 선택한다. 콘크리트 LCDA(최초 설립은 2003년에 LCDA)는 2011년에 세 명의 젊은 사업가인 줄리엔 게이Julien Gay, 줄리엔 드랄랑드Julien Delalande, 그리고 발렌틴 드랄랑드Valentin Delalande가 사업체를 맡게 되면서 성장 속도가 빨라졌다. 이후 유명 디자이너 마탈리 크라세가 2015년까지 브랜드의 아티스틱 디렉터로 일했다. 이들은 고분자 콘크리트 소재 인테리어 부품을 생산하며, 또한 현대적 가구도 출시했다.

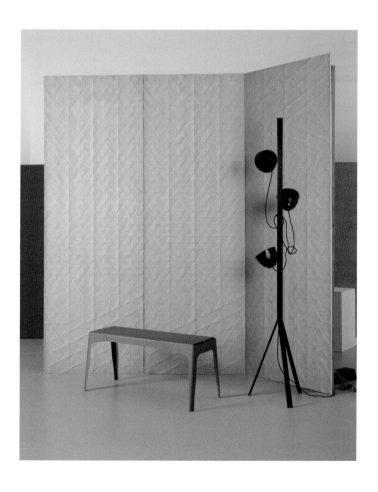

바워 스튜디오BOWER STUDIOS
듀오 서버Duo Server, 2017

바워 스튜디오는 뉴욕을 기반으로 한 복합 디자인 스튜디오다. 대니 지아넬라Danny Giannella, 태머 히자지Tammer Hijazi, 그리고 제프리 렌츠Jeffrey Renz가 설립했다. 이들은 아름답고 컬러풀한 구조를 만들어 내는 것으로 잘 알려진 새의 이름을 따서 스튜디오 이름을 지었다고 한다. 이 팀은 거울에 초점을 둔 가구와 제품 디자인에 특화되었다. "일상 속에서 우리를 둘러싼 모든 것 가운데, 거울은 우리의 인식과 가장 밀접한 사물이다. 아주 단순한 기술을 통해 우리 자신을 이해하게 한다." 이들의 말 그대로 바워의 작업 중에서도 거울 사용은, 거울의 예상치 못한 시각적 효과로 인하여, 깊이와 빛의 통찰을 탐색하게 한다. 바워의 디자인적 실험은 일상에서 사용하는 물건들을 혁신적이고 세련되게 해석한다. 이들이 작업하는 방식은 진부한 방법의 반대. 그들은 호기심과 탐험 정신이 이끄는 방향으로 나아간다.

이 스튜디오가 디자인한 액세서리들은 그들이 작업한 가구 제품들의 형태에서 영감을 받았다. 집이나 사무실에서 사용하는 기능적이고, 장식적인 물건들은 보통 비슷한 종류의 소재로 되어 있다. 이 서버 세트는 고급스러운 대리석과 원목이 훌륭한 조화를 이루며, 음식을 준비하거나 담기 적합한 두 소재의 자연적 특성을 최적화했다. 원목 부분은 빵이나 육류를 썰거나 담을 수

있으며, 원형 대리석 부분은 치즈를 담기에 가장 좋다. 바워의 디자인은 사용하기 편하며 미학적으로도 훌륭하다. 이 이동식 주방 작업대는 테이블에 올려놓으면 멋진 장식 소품이 된다. 하지만 우리 눈을 즐겁게 하는 이유가 대조적인 소재를 붙여 놓았기 때문만은 아니다. 형태를 활용한 바워의 디자인 역시 미학적 가치에 기여한다. 두 개의 요소는 각각 따로 사용할 수 있으며 덕분에 실용성을 더한다. 물론 한데 모여 서로를 돋보이게 할 때 가장 멋지게 보인다. 원목과 대리석은 가장 오래가는 소재들에 속한다. 이들의 자연적 특성이야말로 이 서버 세트의 각 요소를 독특하게 만들어 준다.

데이비드 아자예DAVID ADJAYE
MA770 무선 스피커MA770 Wireless Speaker, 2017
마스터 & 다이내믹Master & Dynamic

마스터 & 다이내믹은 2014년에 조너선 레빈Jonathan Levine이 설립했다. 창의적인 정신을 불어넣어 아름답게 완성된 외관을 가지며, 기술적으로도 수준 높은 음향 기기를 만드는 브랜드다. 오직 고품질의 소재만 고집하여 몇 십 년을 쓸 수 있는 내구성 좋은 제품을 만들고자 한다. 미학적으로 완벽한 균형, 사용상의 편의성, 그리고 풍부한 음향이 마스터 & 다이내믹의 디자인 핵심이며 여기에 브랜드 제품군이 갖는 상징적인 특성도 추가된다. 제작사의 의도에 따라 브랜드의 포트폴리오는 공통적인 DNA를 갖고 있다. 바로 훌륭한 디자인, 고급스러운 소재, 최고의 장인정신 및 타협을 허락하지 않는 품질에 초점을 맞추는 것이다. 이들은 이렇게 말한다. "통달이란 역동적인 접근이 필요한 끝이 없는 모험이라고 생각한다. 음향은 기폭제이자 강력하고 창의적인 요소로, 우리의 정신이 집중하고, 영감을 받으며, 도취되도록 해 준다."

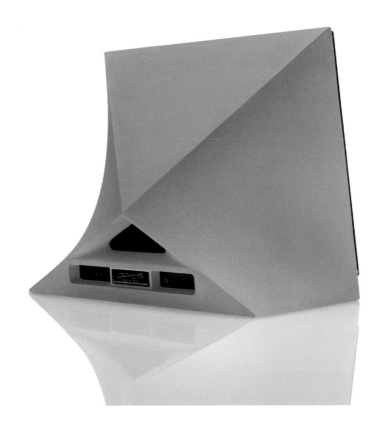

　　MA770 무선 스피커에서 볼 수 있는 모든 특성은 영국 출신 건축가 데이비드 아자예와의 협업으로 탄생했다. 그는 마스터 & 다이내믹이 개발한 콘크리트 합성물을 활용했는데, 전자 기기에는 잘 쓰이지 않는 재료인 콘크리트는 물건의 내구성을 높여 줄 뿐만이 아니라 음향의 잠재력을 드높이는 데도 도움을 준다. 진동을 차단하는 콘크리트의 성질이 소리의 질을 향상시키기 때문이다. 아자예의 주요 목표는 가정용 스피커를 새로이 정의하는 것이다. 그는 전통적인 상자 모양의 스피커를 훌쩍 뛰어넘은 어떤 형태를 상상했다. "나는 상자 모양의 덩어리를 분해할 수 있는 삼각형 형태를 사용하는 아이디어에 매료되었다. 볼륨 감각을 조형적인 디테일에 녹여서 보여 줄 수 있는지 알아보려고 했다." 조형적 실루엣은 그야말로 센세이셔널하다. 마치 집에 작은 건축 작품을 들여놓았는데, 우연히도 그게 소리를 전달해 주는 것 같은 느낌이다. MA770은 개별 스테레오 유닛으로 쓸 수도 있고, 다른 스피커와 짝을 이루어 혁신적인 스테레오 기술을 즐길 수도 있다. 디지털 미디어 스트리밍 소프트웨어인 크롬캐스트Chromecast를 통해 조작이 가능하다.

　　데이비드 아자예는 2000년부터 아자예 어소시에이츠Adjaye Associates를 운영해 오고 있다. 재능 있는 전문가들로 이루어진 이 글로벌 다문화 팀은 전 세계적으로 가장 인상적인 건축 프로젝트들을 진행한 바 있으며, 건축이 민주화의 기회를 제공한다는 강한 신념을 지닌다. 제각기 다른 규모로 작업하는 아자예 어소시에이츠는 제품과 가구 디자인 작업을 형태와 소재의 시험장으로 사용한다.

스마린SMARIN
s의자sChaise, 2017

스마린은 디자이너 스테파니 마린Stéphanie Marin이 2003년에 설립한 프랑스 기반의 디자인 스튜디오다. 고급 가구를 전문으로 하는데, 전 제품을 프랑스 남부 니스에 위치한 스튜디오 내부 워크숍에서 제작한다. 스튜디오의 사명은 '스튜디오의 핵심 콘셉트는 내구성 있는 자연 소재로 만든 제품들을 탐색 및 제안하는 것'이라고 한다. 이들에 따르면 디자인은 쉽게 접근할 수 있고 지속 가능해야 한다. 텍스타일, 무대 디자인 또는 공간 계획 등 새로운 프로젝트를 발전시킬 때마다 스마린은 디자이너, 예술가 및 유명인들과 팀을 이루어 다각적으로 접근하고, 풍부한 브레인스토밍을 한다. 이들의 작업은 언제나 유쾌하고, 예술과 디자인을 흥미로운 방식으로 결합한다. 이 의자도 그러하다. 보통 딱딱한 느낌을 주는 야외용 가구에 대안을 제시한다. 디자이너는 의자를 사람의 몸에 맞춰야 하며, 그 반대가 되어서는 안 된다고 강조했다. 또한 제품의 유연하고 인체 공학적 형태 덕분에 앉는 자세를 교정해 주는 효과도 있다.

속이 비어 있는 뼈대 부분은 파스텔 색이고 넓은 고무줄 같은 끈으로 싸여 있다. 이 부분은 사람의 몸을 편하게 받쳐 줄 만큼 부드럽다. 가볍지만 단단하다. 디자이너는 다음과 같이 언급한다. "이 의자는 좌석의 유연성, 바른 자세와 그 효과에 대한 연구다." 그에 따라, 우리 몸의 혈액 순환을 촉진한다고 한다. 또한 통기성이 좋은 구조 덕분에 몸을 시원하게 해 준다. 마린은 "나는 몸이 받는 느낌에 초점을 맞추었다"고 덧붙였다. "또한 몸이 구속받지 않으며 등과 근육, 그리고 혈액 순환에 좋은 본능적인 자세를 찾을 수 있도록 해 주는 의자를 만들고자 했다"고도 설명한다. 정리하자면 그녀의 우선순위는 몸의 기능과 편안함이라고 할 수 있다. 그리고 이것이 이 제품의 형태가 상당히 축소되어 있고 조정 가능한 이유다. 스테파니 마린은 퐁피두센터에서 열린 데이비드 호크니 순회 회고전에 초대되어 그의 작품에 헌정하는 디자인으로서의 s의자를 공개했다. 마린의 스타일 중에서도 특히 그녀가 사용한 색들은 호크니의 수영장 작품들의 색조를 연상시킨다.

E15
도토DOTTO, 2015

스튜디오 e15는 건축가 필립 마인저Philipp Mainzer와 디자이너 파라 에브라히미 Farah Ebrahimi가 1995년에 공동으로 설립한 회사다. 이들이 최초로 공방을 차린 곳의 우편번호를 따서 이름을 지었다. 이 브랜드는 런던에서 시작하여 지금은 프랑크푸르트에 본사가 있고, 최고의 독일 디자인 회사들 중 하나로 손꼽힌다. 두 사람은 첫 번째 컬렉션에서 순수한 형태의 원목을 선구적으로 사용함으로써 국제적인 주목을 받았다. 진보적인 이들의 스타일은 새로운 단순성의 표현이었다. 연속적이고 발전적인 디자인, 최고 품질의 재료, 그리고 혁신적이고 수공예 기술을 사용하는 생산 방식은 e15가 물건을 제작하는 데 있어 핵심 요소다. 가구, 조명 또는 액세서리를 디자인할 때, 두 사람은 필수적인 형태를 선호하며 이를 새로운 방식으로 표현한다. 이들의 비율에 대한 감각과 소재에 대한 생각은 실험적이고 신선한 제품 외형으로 이어진다. 두 사람은 자주 디자이너, 건축가 및 예술가들과 협력하여 자신들의 브랜드를 위한 고유 제품을 개발한다.

e15의 DNA에는 강한 환경 의식이 자리 잡고 있다. "e15의 모든 제품은 오래 유지되고, 품질이 좋으며 시대를 초월한 디자인이라는 목표로 개발되었다." 그들이 거듭 강조하는 말이다. 도토는 사계절 내내 사용할 수 있으며 눈에 띄는 장식성이 있는 담요다. 벨기에에서 생산했는데, 양모 71퍼센트와 면 29퍼센트로 제작되었다. 크기는 190x130센티미터고 독특한 표면 질감이 있다. 제조사는 "맨 위쪽은 흰색 면 소재를 바탕으로 직조했고, 점 부분은 빨강, 파랑 또는 검정 울 원사를 사용해 강렬한 무늬를 만들었다"고 묘사했다. 특징적인 점 모양 질감은 담요의 양면에 똑같이 나타나면서 특유의 매력적인 시각적 효과를 낸다. 가장자리는 두툼한 흰색 스티치를 넣어 마감했는데, 올 풀림을 방지하는 실용적인 효과가 있다. 담요의 양쪽 끝에는 전통 공예 느낌의 조밀하고 짧은 술들이 달려 있다. 소파 위에 두고 포근한 덮개로 쓰거나 침대 위에 깔아 두는 용도로 써도 좋고, 쌀쌀한 저녁에는 야외에서도 사용이 가능하다. 이 촉감 좋은 담요는 개성 있는 모습과 편안함을 두루 갖추었다. 복잡하지만 리드미컬한 무늬는 파랑, 빨강 및 검정 세 가지 색 가운데 고를 수 있다. 사실 도토는 1년 중 어느 시기든 상관없이 사용할 수 있는 제품이다.

톰 딕슨TOM DIXON
브류 밀크 팬Brew Milk Pan, 2017

브류 밀크 팬은 '예술의 한 형태로서의 커피 만들기와 우리에게 얼마 남지 않은 이 시대의 의식으로서의 커피 마시기'를 내세우는 브류 시리즈 제품이다. 이 시리즈는 디자이너이자 제조사인 톰 딕슨에서 만들었다. 커피를 만드는 각 단계를 염두에 두고 만들어진 브류 시리즈는 완벽한 커피를 만들기 위한 남다른 품질의 도구라고 자신한다. 이 컬렉션은 스테인리스 스틸에 구리를 기화시켜 코팅함으로써 시각적으로 빼어날 뿐만 아니라 어떤 주방이나 카페, 또는 테이블에도 고급스러운 포인트가 된다.

이렇게 정제되고 아름다운 도구로 커피를 끓이는 과정에서 즐거움을 얻을 수 있음은 두말할 필요도 없다. 세련되면서도 실용적인 디자인을 가진 브류 제품들은 커피를 만드는 일과를 독특한 경험으로 바꾸어 준다. 어떤 의미에서 이는 커피를 만들고 마시는 의식이 흔한 일이었던 과거를 떠올리게 한다. 오늘날의 우리에게는 단순한 순간을 즐기고 전통적인 기법들을 아는 것이 얼마나 중요한지를 상기시켜 줄 무언가가 필요하다. 딕슨의 제품 세트는 느긋함을 권한다. 가까운 카페에서 커피 한 잔을 테이크아웃으로 주문하는 대신, 각각의 컬렉션 제품들을 천천히 사용하며 커피 추출 과정에 집중하게 만들어 준다. 브류 컬렉션으로 끓이면 커피 맛도 훨씬 좋아진다. 이 밀크 팬은 400 밀리리터 용량이다. 몸통에는 길고 쭉 뻗은 손잡이가 달려 있는데, 팬을 안전

하고 편하게 사용하기 위한 결정적인 요소다. 이런 이유로 균형이 잘 잡혀 있고 손으로 잡기도 쉽다. 컬렉션의 다른 제품들과 마찬가지로 조형적인 외관을 가진다.

영국 출신 디자이너인 톰 딕슨은, 그 자신의 말에 따르면, '업계에서 제품 디자이너의 관계를 다시 생각하기 위해' 2002년에 자신의 이름을 딴 브랜드를 설립했다. 주로 조명, 액세서리 및 가구 분야를 작업하지만 2007년부터는 톰 딕슨의 인테리어 건축 파트인 디자인 리서치 스튜디오에서 혁신적인 인테리어 및 외부 공간 디자인을 실행하고 있다. 오늘날 세계적으로 유명한 디자이너가 된 그는 전 세계에 사무실을 두고 있다. 이미 자신이 디자인한 6백여 종의 제품을 선보인 바 있다. 모두 최고 품질의 소재 및 우수한 엔지니어링 기술로 유명하다.

로빈 헤더ROBIN HEATHER, 카이 링케KAI LINKE
VIA를 위한 타일Tiles for VIA, 2018 / VIA 플래튼VIA PLATTEN

로빈 헤더와 카이 링케는 바닥 타일 전문 제조사인 VIA 플래튼을 위한 기하학적 패턴의 시멘트 타일을 디자인했다. 시대를 초월한 디자인 및 전통 수작업 품질을 목표로 한 이 디자이너들은 과거에 사용했던 장식품에서 영감을 얻어 이처럼 시각적으로 흥미로운 시리즈를 만들었다. "새롭게 해석된 이 제품들은 고풍스러운 장식을 연상시키며 장수와 고색창연함 등으로 정의할 수 있을 것이다." 20x20센티미터로, 주목할 만한 크기를 가진 타일들은 전통 장식을 떠올리게 하는 기하학적 무늬로 덮여 있다. 디자이너들은 이렇게 설명한다. "배열에 약간의 변형만 주어도 타일 한 장의 비대칭이 규칙적인 배치를 깨뜨리고, 전체 그림에 놀라운 변화와 다양한 상황을 더할 수 있다."

이 유쾌한 아이디어로 평평한 바닥을 착시 현상을 주는 역동적인 현장으로 바꿀 수 있다. 무늬를 배열하는 몇 가지 선택 사항은 다양한 인테리어 환경에 맞게 활용할 수 있으며, 공간들 간에 동적인 인상을 더할 수도 있다. 타일로 인하여 바닥 표면이 더 이상 밋밋하지 않고 리드미컬하게 공명하는 것처럼 보이기 때문이다. 전체적인 초점이 기하학에 맞추어져 있는 만큼 타일 디자인은 두 가지 색조의 직선만으로 축소되었다. 이로 인해 바닥의 눈속임 효과를 더 크게 해 준다. 헤더와 링케의 타일 컬렉션은 인테리어에 마법 같은 효과를 더한다. 서 있는 위치나 공간 내에서의 이동에 따라 바닥은 다른 모습을 보여 주며, 인테리어의 특성에도 영향을 줄 수 있다. 바닥 표면적이 클수록 효과도 커진다.

로빈 헤더와 카이 링케는 모두 독일의 프랑크푸르트에 기반을 두고 있다. 헤더는 건축, 예술 및 디자인 분야를 오가는 크리에이티브 스튜디오를 운영한다. 이들은 "우리는 대조의 게임을 즐기고 싶다. 형태, 소재, 색깔 및 제조 방식이 이루는 대조들 말이다"라고 언급한 바 있다. 또한 진보한 디지털 기술과 전통 공예를 결합하여 자신들의 디자인을 실현한다.

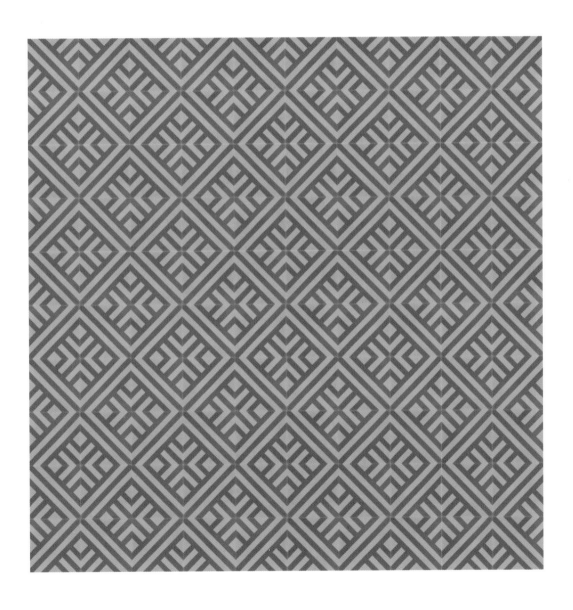

피에트로 루소PIETRO RUSSO
와인 쿨러 A Wine Cooler A, 2017 / 에디션즈 밀라노

이탈리아 출신 디자이너 피에트로 루소의 작업을 표현할 수 있는 한 가지 특성이 있다면 그가 회화와 도예를 공부한 뒤 무대 배경을 공부했다는 점이 아닐까. 1997-2001년에 그는 베를린의 영화 세트장 및 인테리어 디자인 분야에서 일했다. 그뿐만 아니라 한정 생산된 제품들을 디자인하기도 했다. 한 세기의 전환기에 밀라노로 옮겨 간 피에트로 루소는 리소니 아소치아티에 입사했다. 그곳에서 다양한 브랜드의 제품 및 인테리어 디자인 작업을 진행했다. 그리고 2010년에 밀라노 기반의 아틀리에를 설립했는데, 자신의 이름을 걸고 작업을 계속하기 위해서였다. 전문가들로 이루어진 팀과 숙련된 이탈리아 장인들의 네트워크의 도움을 받은 루소는 특정 공간과 그곳의 역사와 잘 어울리는 물건을 디자인하는 것으로도 알려졌다. 공식 신상에서 루소가 디자인에 접근하게 된 계기는 다음과 같다. "자신의 본능을 믿은 피에트로 루소는 지치지 않고 공상 과학, 예술 및 음악의 매력, 소리, 기하학 및 빛의 힘 등 오랫동안 회자되는 주요 주제들을 탐색하고 실험했으며 자기 스스로 개념과 감성을 변화시키려는 끝없는 시도 끝에 진짜 배경처럼 보이는 독특한 물건 및 인테리어 디자인을 만들어 냈다."

　밀라노에 기반을 둔 제조사인 에디션즈 밀라노는 전통 기술 및 최첨단의 이탈리아 출신 디자이너들과의 협업에 초점을 맞춘다. 루소는 이들을 위해 네 가지 버전의 아름다운 와인 쿨러를 디자인했다. 각각의 제품은 와인 병의 형태를 모방한 두 부분으로 구성되어 있다. 각 쿨러의 맨 윗부분은 조형적으로 형성된 뚜껑이다. 아라베스카토(*흰 바탕에 회색 무늬가 있는 대리석) 및 마르퀴니아(*검은 바탕에 흰 무늬가 있는 대리석) 대리석으로 만든 이 뚜껑은 안에 놋쇠 뚜껑이 있어 와인을 적절한 온도로 유지시킨다. 와인을 차게 식히는 방법을 개발하는 것이 루소의 목적이었다. 여기에는 차가운 성질이 반드시 필요했는데, 자신이 선택한 고급 재료의 자연 특성을 십분 활용했다. 대리석의 냉각 능력은 와인 병 온도를 가장 자연스러운 방법으로 유지해 주었다. 결과적으로 훌륭한 와인 맛과 빼어난 외관을 갖춘 오브제로서의 쿨러가 된 것이다. 오래 쓸 수 있고 값진 재료인 대리석은 이 제품을 모든 테이블에 어울리는 우아한 액세서리로 완성시켰다. 각각의 쿨러에는 기하학적 형태에서 영감을 받은 제각기 다른 무늬가 있다. 마치 이탈리아의 교회 장식 및 줄무늬가 있는 석조 건물의 정면 장식을 연상시킨다. 이와 같은 뛰어난 결과를 얻기 위해 이탈리아의 대리석 전문 장인이 손으로 가공했다. 이탈리아에서 제작된 루소의 와인 쿨러는 에디션즈 밀라노가 내놓은 첫 컬렉션의 일부다. 컬렉션은 다른 유명 디자이너들이 디자인한 가구 및 기타 제품들로 구성되었다.

좋은 디자인은
마지막 디테일까지 빈틈없다

"그 어떤 것도 작위적이거나 우연에 맡겨져서는 안 된다. 디자인 과정에서의 주의와 정확성은 사용자에 대한 존중을 보여 준다."

_디터 람스 Dieter Rams

각 제품의 디자인 과정은 복잡하고 수많은 전문적 기술을 요구한다. 그 어떤 과정도 중요하지 않은 것이 없고 모든 것을 똑같은 주의와 노력으로 접근해야 한다. 디터 람스는 다음과 같이 말한다. "나의 심장은 디테일에 속해 있다. 나는 언제나 디테일이 큰 그림보다 중요하다고 생각한다. 디테일 없이는 아무것도 안 된다. 디테일이 전부이고 품질의 기초다." 최종 성과를 우연에 맡기는 실험적 프로젝트를 제외하고, 디자인의 모든 측면은 신중하게 계획되고 계획에 따라 철저하게 이행되어야 한다. 디터 람스에 따르면 이러한 태도는 사용자에 대한 존중을 보여 주는 것일 뿐만이 아니라, 디자이너의 비전을 구현하는 데 개입하는 재료와 전문가들에 대한 존중이기도 하다. 디테일에 대한 주의는 품질을 결정하고 제품의 독창성을 결정짓는다.

라라 보힝크LARA BOHINC
컬리즌 대형 테이블 조명Collision Large Table Light, 2017

라라 보힝크는 슬로베니아의 류블랴나 예술 아카데미를 졸업한 후 런던으로 이주하여 로열 칼리지 오브 아트에서 금속 가공과 보석을 공부했다. 1997년 런던에 스튜디오를 세우고, 영국패션위원회에서 신인상을 수상하면서 주목받았다. 그리고 10년 후인 2007년에 역시 런던에서 자신의 첫 번째 매장을 열었다. 보힝크의 작품은 보석, 가구, 그리고 물건의 세 디자인 영역의 연결을 목표로 하고 있어 시작부터 다층적이다. 그녀는 디자인할 때 대조적인 것들의 결합을 목표로 한다. 대담하면서도 가볍고, 생생하면서도 부드럽고, 각이 졌으면서도 여성적인 형태를 추구한다. 스튜디오는 이렇게 말했다. "라라 보힝크는 자신의 기술과 관련한 전통적인 원칙들에 존중심을 유지하면서도 산업 기술에 대한 지식을 활용하여 스타일의 모더니티와 기능을 결합해 현대적인 우아함을 성취한다." 멋진 제품을 만드는 것 이외에도 몽블랑, 구찌, 까르티에 등 여러 분야의 럭셔리 브랜드 디자인 컨설턴트로도 활동했다.

　보힝크 스튜디오는 독창적인 모양의 가벼운 촛불 홀더, 꽃병, 그릇, 책상 용품 같은 다양한 물건을 만들었다. 2017년 이후로는 조명도 제작 중이다. 컬리즌 조명 컬렉션은 디자이너 보힝크의 포트폴리오에서 첫 번째 램프다. 순수 기하학적 형태의 해체와 재구성에 대한 디자이너의 집착을 보여 주는 또 다

른 매력적인 표현이라고 할 수 있다. 컬리즌 시리즈는 보힝크가 자신의
보석 디자인에서 실험했던 모티프인 부서진 구체球體의 변주로 이루어
져 있다. 구성은 서로 충돌하는 것처럼 보이는 또는 보기에 따라서 하
나의 구에서 쪼개져 나오는 것 같은 네 개의 동일한 구형 사분체로 이
루어져 있다. 사분체 하나하나가 하나의 조명 기능을 하는데 이에 대
해 보힝크는 이렇게 말한다. "컬리즌은 완벽한 것을 쪼개 놓은 것이다.
여기서는 완벽한 구가 대칭을 이루면서 쪼개진다. 각 부분들이 서로 미
끄러지고 있어서 제자리로 되돌려 놓을 수 있어 보인다." 실제로 기하
학적 형태가 해체되면서 램프가 완벽하게 제자리에 멈추어 있는데도
역동적인 느낌을 준다.

컬리즌은 이탈리아에서 제조되었다. 프레임워크는 금속이고 돔은 아
크릴 재질이다. 흥미롭게도 이 테이블 램프에는 받침대가 없다. 표면 위
에 놓여 있을 뿐인데, 이것이 시각적으로 더 나은 효과를 가져다준다.
컬리즌 컬렉션은 다양한 크기로, 테이블 램프 두 가지와 천장 램프 하
나로 구성된다.

토마스 벤젠THOMAS BENTZEN
밍글 쿠션 Mingle cushion**, 2012 / 무토**

산업 디자이너 토마스 벤젠은 덴마크 왕립예술대학 디자인 스쿨을 졸업했다. 2010년 코펜하겐에 자신의 스튜디오를 설립해 단순성, 합리성, 기능성을 특징으로 하는 일상용품을 만들고 있다. 벤젠에 따르면 디자인은 호기심을 사로잡고 일깨워야 한다. 그가 디자인을 위해 새로운 소재와 형태를 탐색하는 주된 목표는 지속성 때문이다. 벤젠은 오래가는 제품을 디자인하기 위해 소재만이 아니라 기술과 산업 제조 과정에서도 광범위한 지식을 쌓았다. 벤젠의 스타일은 명료하고 정확하다. 기하학적인 형태를 우아하게 사용하는 그는 관습적이지 않고, 신선하고 우아한 형태를 발명한다. 스칸디나비아 디자인을 알리는 데 헌신하는 브랜드인 무토와의 협업은 특별히 좋은 결실을 맺었다. 2011-2013년에 그는 무토의 디자인 매니저로 일했고, 2013-2015년에는 무토의 디자인 부문 수장이었다. 밍글 쿠션은 토마스 벤젠이 무토에서 개발한 프로젝트 가운데 하나다.

"내 아이디어는 섬유와 색의 단순한 혼합에 기초한 쿠션 시리즈를 만드는 것이었다. 그 과정은 직선적이었지만 동시에 복잡하기도 했다. 결과적으로 색과 질감을 탐색하는 짜릿한 여행이었다. 우리는 서로가 서로를 보완하고 하나가 다른 하나와 잘 섞이는 색과 섬유를 발견했다." 제품들이 놓일 소파에서 여러 개의 쿠션이 각기 잘 섞이도록 만들어진 밍글 컬렉션은 섬유 제조업체 크바드라트(코다/스틸컷)가 제조한 두 가지 직물을 사용한다. 서로 대조적인 색과 질감이 섬유의 섬세한 질과 풍부한 색을 더욱 돋보이게 하는 방식으로 결합되어 있다. 밍글 컬렉션은 소파나 안락의자에 깔아 놓는 용도로만 만들어진 게 아니다. 사용자가 만져 보도록 만들어졌다. 벤젠이 선택한 팔레트와 구성은 사용자들이 상호 작용하게끔 이끈다. 쿠션은 두 가지 형태로 출시되었다. 하나는 60x40센티미터 크기의 직사각형이고, 다른 하나는 50x50센티미터 크기의 정사각형이다. 색상과 촉감이 다양해서 보기에도 좋을 뿐더러 촉감도 탁월하다. 마지막으로 빼놓을 수 없는 것은, 벤젠이 아주 오래가는 쿠션을 디자인했다는 점이다.

도시 레비언DOSHI LEVIEN
라스와 릴라 직물Raas and Lila Fabrics, 2018 / 크바드라트

1968년 이후로 크바드라트는 섬유 분야에서 탁월한 제조업체로 군림하고 있다. 혁신적인 기술과 동시대의 가장 창조적인 디자이너들과의 협업을 통해 미학의 경계를 넓혔다는 평이다. 크바드라트에서 생산하는 고품질 섬유는 덮개, 창문 커버, 러그, 가정용 액세서리에 두루 사용된다. 재능이 뛰어난 디자이너 듀오 도시 레비언은 크바드라트와 협업하는 디자이너들 중 하나다. 조너선 레비언Jonathan Levien과 니파 도시Nipa Doshi가 2000년 런던에 설립한 도시 레비언 스튜디오는 탁월한 방식으로 자신들의 디자인에 여러 세계를 담아냄으로써 국제적인 명성을 얻었다. 다양한 분야와 산업에 걸쳐 일하는 그들은 하이브리드를 찬양하고, 문화와 기술과 산업 디자인과 정교한 기술의 융합을 탐색한다. 그들의 작품은 한정판 설치 작품과 제품만이 아니라 가구부터 도자기까지의 광범위한 산업 디자인을 포괄한다. 도시 레비언은 크바드라트를 위해 인도 왕실 미니어처 그림, 유약을 바른 중국 도자기, 모더니스트 회화 등 대조적인 예술에 영감을 받은 두 개의 직물 컬렉션을 디자인했다. 그 결과로 독창적인 질감과 생생하면서도 미묘한 색이 절묘하게 결합된 관능적인 직물이 탄생했다.

도시 레비언은 1백 개 이상의 구아슈(*수용성의 아라비아고무를 섞은 불투명한 수채물감)를 합성해 색을 만들어 냈다. 이 색들은 염색에 사용되었다. 이 과정의 효과는 독특해서 라스와 릴라 컬렉션의 색상은 기존의 다른 어느 색 체계에서도 찾을 수 없다. 색과는 별개로 흥미로운 표면은 너무 도드라지지 않으면서 우리의 눈을 즐겁게 한다. 어떤 가구의 덮개로도 쓸 수 있는 이 컬렉션은, 생동감 있고 눈을 사로잡는 탁월하고 섬세한 시각적 효과를 창출한다. 표면에 작은 고리들이 있는 부클레bouclé(*털실로 짠 직물) 천을 만지는 듯한 촉감은 통상적인 실을 사용한 씨실과 불규칙한 질감의 슬러브사slub yarn를 사용한 날실 등 부피가 큰 두 개의 단색 실을 결합한 결과다.

라스가 조밀하게 짜여 있고 보다 정교한 격자무늬를 갖고 있는 반면에 릴라의 줄 모양 패턴은 보다 느슨한 느낌이다. 직물의 이름은 힌두 신화에서 따왔다. 릴라는 '놀이' 또는 '춤'을 뜻하고 라스는 '미학'과 '느낌'을 뜻한다. 도시 레비언은 이렇게 말한다. "고대와 현대 사이, 생생한 색과 바랜 색 사이, 기억과 건축에 사용된 색에 대한 기억 사이에 미학이 있다. 두 개의 색이 질감 있는 유약처럼 서로 층을 이룬다." 두 개의 직물은 92퍼센트의 새 울과 8퍼센트의 나일론으로 만들어졌고, 가로의 길이는 140센티미터다. 스물아홉 가지 색깔이 있고 매우 오래간다.

앤 보이센ANNE BOYSEN
투워드Toward, 2012-2015 / 에릭 요르겐슨Erik Jørgensen

에릭 요르겐슨이 제조한 투워드는 소파와 안락의자, 침대 겸용 소파를 세련되고 창의적으로 결합한 무엇이다. 투워드는 크기와 모양이 다른 두 개의 등받이가 달려 있는 간결하고 평평한 매트리스 베이스로 이루어져 있다. 앤 보이센은 여기에 느슨하고 필요에 따라 교환할 수도 있는 두 개의 쿠션을 추가했다. 그의 설명은 이렇다. "사용자가 최대한 다양한 방식으로 쉴 수 있는 가구를 만들고 싶었다." 이런 구성은 사용자에게 소파를 다양한 용도로 사용할 수 있는 자유를 줄 뿐만이 아니라 독창적인 외관에도 기여한다. 각 부분들의 비례와 부드러운 모서리는 이 독특한 소파에 섬세한 느낌을 더해 준다. 디자이너 앤 보이센은 덴마크 제조업체 에릭 요르겐슨을 위해 디자인 작업을 하는 동안에 가구 디자인의 단색 트렌드에 매혹되었다. 투워드는 2012년에 디자인되었고 1년 뒤에 제조되었다. 2015년에는 색을 업데이트했다. 이후에는 녹색, 짙은 청색, 핑크색, 갈색, 옅은 회색, 진한 회색 등 여섯 가지 버전으로 출시되었다. 각각의 버전은 크바드라트의 여섯 개 직물로 만들어졌다. 소파의 개별 요소들은 주어진 컬러 안에서 서로 다른 색을 띠고, 디자이너는 전체를 철저하게 검토했다. 색상의 미묘함과 다양한 덮개는 서로 다른 모양과 완벽하게 어울리며 또한 철저하게 검증된 우수한 품질을 자랑한다.

　2012년부터 코펜하겐 근교에서 자신의 스튜디오를 운영하고 있는 덴
마크의 건축가이자 디자이너인 앤 보이센은 디자인, 예술, 건축 등 다
방면에서 활동한다. 그녀가 만든 가구는 기능적이면서도 미적 가치
를 중시한다. 보이센 가구는 형태적으로는 (기하학에 도전하는) 실험적
인 모습이지만 정교한 구성과 조화로운 비례가 특징이다. 그 결과 시각
적으로 놀라운 제품이 탄생했다. 보이센에게 색은 언제나 중요한 역할
이다. 이 때문에 그녀의 디자인에는 표현이 풍부한 색이 사용된다. 보
이센 디자인의 세련된 특성은 제품 생산의 모든 단계에 기울이는 그녀
의 철저한 주의에서 비롯되었다. 디자이너 헨리에트 노어마르크Henriette
Noermark는 보이센을 이렇게 말한다. "몇 년 동안 트렌드를 좇는 디자인
산업의 속도를 따라간 후 그녀는 이제 자신의 직감에 귀를 기울이고 있
다. 열정과 완벽한 솜씨, 그리고 무엇보다도 침묵을 통해 미학적으로 지
속 가능한 장기간의 프로젝트에 집중하면서 보다 성찰적이고 예술적인
방향으로 이동하고 있다."

스홀텐 & 바잉스SCHOLTEN & BAIJINGS
종이 자기Paper Porcelain, 2010 / 헤이

식탁용 식기류인 종이 자기 컬렉션은 언뜻 거친 재활용 종이처럼 보이지만 실제로는 정교하게 만들어졌다. 알갱이가 보이는 것 같은 외관은 사용자의 인식을 이용한다. 처음 보면 자기 표면이 무광이지만 자세히 보면 자기에서 작은 금속 알갱이를 볼 수 있다. 재활용 종이와 비슷해 보이도록 디자인했기 때문이다. 네덜란드 디자이너들인 스테판 스홀텐Stefan Scholten과 캐롤 바잉스 Carole Baijings가 디자인한 종이 자기는 원래는 전시회를 위해 만들어졌다. 특별히 개발된 자기의 종이 모델 덕분으로 눈을 속이는 종이 구조 모방이 가능했고, 그 결과 정식으로 제조할 수 있었다. 종이 구조를 모방하기란 매우 어렵다. 자기는 매우 얇아야 하는데, 그러면 부서지기 쉽다. 하지만 이 종이 자기 컬렉션은 적합한 강도의 원석을 택함으로써 내구성이 좋고 적당한 색을 얻는 데도 성공했다. 거푸집의 표면에서 라인을 수정하는 일은 가마에 넣기 전에 수작업으로 진행된다. 그다음 도공은 특수 기계를 사용해서 표층을 연마한다. 전체 시리즈는 에스프레소 잔 하나와 커피 잔 하나로 구성된다. 각기 받침, 머그, 차 접시 등이 딸려 있다. 헤이를 위해 만든 이 탁월한 도자기 작업은 도자기 마을로 유명한 일본 아리타에서 제조된다. 헤이와는 가구, 섬유, 액세서리 등 넓은 분야에서 협업해 왔다.

스테판 스홀텐과 캐롤 바잉스는 2000년에 다방면의 작업을 수행하는 자신들의 스튜디오를 설립했다. 암스테르담에서 주로 활동하는 두 사람은 가구, 조명, 유지 제품, 섬유, 그래픽, 그리고 전시 디자인 등 여러 작업을 한다. 예술과 디자인의 역사에서 영감을 얻는 그들은 언제나 우리가 살고 일하는 방식을 재발명하는 제품을 만들고자 한다. 스홀텐은 디자인 아카데미 에인트호벤을 졸업했고, 이데올로기를 담당한다. 바잉스는 독학으로 디자인을 공부했고, 디자인 디테일과 제조에 집중한다. 패턴, 색상, 그래픽 요소 사용에서의 완벽주의는 이들의 창조 작업에 핵심을 차지한다. 두 사람에 따르자면 성공적인 디자인은 사용자가 오랫동안 즐길 수 있는 디자인이다.

알도 바커ALDO BAKKER
단면 병마개Facet Bottle Stopper, 2017 / 아틀리에 스와로브스키 홈

"이 제품들은 형태와 재료의 순수성을 통해 기능과 아름다움의 완벽한 균형을 달성하는 디자이너 알도 바커의 집착을 압축적으로 보여 준다." 아틀리에 스와로브스키는 네덜란드 디자이너인 알도 바커와의 협업을 이렇게 설명했다. 단면 컬렉션은 스와로브스키의 크리스털 하나를 잘라 만든 네 개의 병마개 세트로, 저마다 색상이 다르다.

병마개는 두 부분으로 나뉜다. 세로로 봤을 때 아랫부분은 투명하고 부드럽다. 반면 병목의 윗부분은 훨씬 복잡한 구조다. 크리스털은 빛을 포착하고 매혹적인 시각적 효과를 낼 수 있게끔 정확하게 절단되었다. 다면체로 된 꼭대기 부분은 병마개라는 본질에 맞게 손으로 잡기 쉽다. 제품의 기능과 크리스털의 품질을 고려할 때 핵심적이다. 바커는 그가 수행했던 아틀리에 스와로브스키와의 다른 협업 작업에서처럼 단면 컬렉션에서 우아하고 가볍고 반짝이며 세련된 형태의 제품을 만드는 데 성공했다. 색상 선택 역시 놀라운 요소다. 단면 병마개는 순수 크리스털 이외에 검은 다이아몬드, 라이트 사파이어, 연노랑으로도 구할 수 있는데 모두가 빛의 스펙터클을 돋보이게 한다. 바커의 병마개는 어느 병에나 잘 어울리도록 디자인되었지만 세련된 형태는 샴페인 병에 가장 적합하다. 이 컬렉션은 기능과 아름다움의 완벽한 조화를 성취한다.

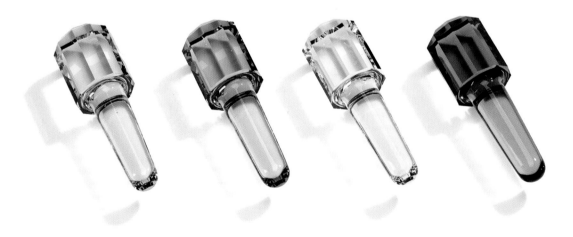

바커가 받은 교육은 전통적인 것과는 거리가 멀다. 맨 처음에는 은세공 기술자로 일했다. 그다음 가구와 제품 디자인 분야로 옮겼다. 1994년에 자신의 스튜디오를 설립한 뒤부터는 독특하고 상상력이 풍부한 시각 언어를 발전시켜 왔다. 일반적인 디자이너들과 달리 디자인을 실용적인 문제를 해결하는 수단으로 접근하지 않는다. 그에게 있어 기능은 나중에 고려되는 측면이다. 바커가 디자인하는 제품들은 대부분 형태에 대한 매혹에서 출발한다. 주변의 모든 것에서 영감을 받으며 자신이 관찰한 것 가운데 흥미로운 것을 먼저 스케치한 다음 특정 형태를 새로운 제품으로 변형할 수 있을지 검토한다. 동시에 우리가 물건을 사용하는 관습적인 방법에 도전하여 실용적이면서도 독창적이고 발랄한 디자인을 창조한다.

다다오 안도TADAO ANDO
안도 타임Ando Time, 2015 / 베니니Venini

모래시계는 눈에 잘 띄는 디자인 제품은 아니다. 그러나 모래시계가 가진 시 時적 잠재력으로 많은 디자이너를 매혹시킨다. 일본 건축가 다다오 안도는 2011년 이탈리아 무라노의 유명 유리 제조업체인 베니니를 위해 이 모래시계를 만들었다. 1921년에 파올로 베니니Paolo Venini가 세운 베니니는 당대의 가장 유명한 디자이너 및 건축가들과의 협업으로도 유명하다. 베니니의 모든 프로젝트가 대단하지만 그중에서도 안도 타임이 단연 빼어나다. 베니니의 연구실은 계속하여 새로운 종류의 유리를 개발해 왔는데, 이를 통해 전통 기술의 한계를 넘어서 유리 예술의 아름다움에 경의를 표하는 수많은 제품을 만들 수 있었다. 안도는 이렇게 말한다. "베네치아 유리 장인들의 솜씨와 기하학적 형태의 협업이 이처럼 특별한 제품을 탄생시켰다. 건축은 '공간'과 '시간'을 통해 정의된다. 은유적으로 모래시계는 건축을 뜻하는 것일 수도 있다. 모래의 흐름은 과거와 미래를 실어 나른다."

안도가 제작한 모래시계는 두 개의 주요 구성 요소로 이루어진 복잡한 기하학적 형태다. 양쪽 끝이 삼각형으로 된 바깥쪽 받침대는 휘어진 유리 프리즘인 반면에 안쪽은 색이 다른 두 부분으로 이루어진 유리 원통이다. 유리 원통에는 모래가 들어 있고, 이 모래는 티타늄 연결 부위를 통해 한쪽에서 다른 쪽으로 움직이다. 이러한 구조는 특별한 주철 거푸집과 복잡한 엔지니어링 과정을 필요로 한다. 모래시계의 조각과 같은 모양은 비례와 날카로운 모서리, 풍부한 곡선, 빛의 일렁임을 돋보이게 하는 색 사용 등으로 더욱 빛난다. 안도의 모래시계를 통해 모래의 움직임을 지켜보는 일은 미적인 쾌감을 선사한다. 따라서 모래시계를 보는 이들은 시간이 흘러가기를 바라게 된다.

전직 복서이자 트럭 운전사로 일했으며, 독학으로 건축을 공부한 안도는 현재 세계에서 가장 유명한 건축가 중 한 명이다. 미니멀한 디자인과 현장 콘크리트 건축으로 유명한 그는 1968년 오사카에 다다오 안도 아키텍츠 & 어소시에이츠를 설립했다. 그리고 르코르뷔지에, 미스 반 데어 로에, 프랭크 로이드 라이트, 루이스 칸 같은 전설적인 건축가들에게 영감을 받아 자신만의 독특하고 독창적인 스타일을 개발해 냈다. 전 세계에 있는 그의 건축물은 일본 문화의 미학으로부터 영감받은 탁월한 구조물이자 혁신적인 경험이다. 안도의 작품 활동에서 디자인은 작지만 매우 중요한 일부다.

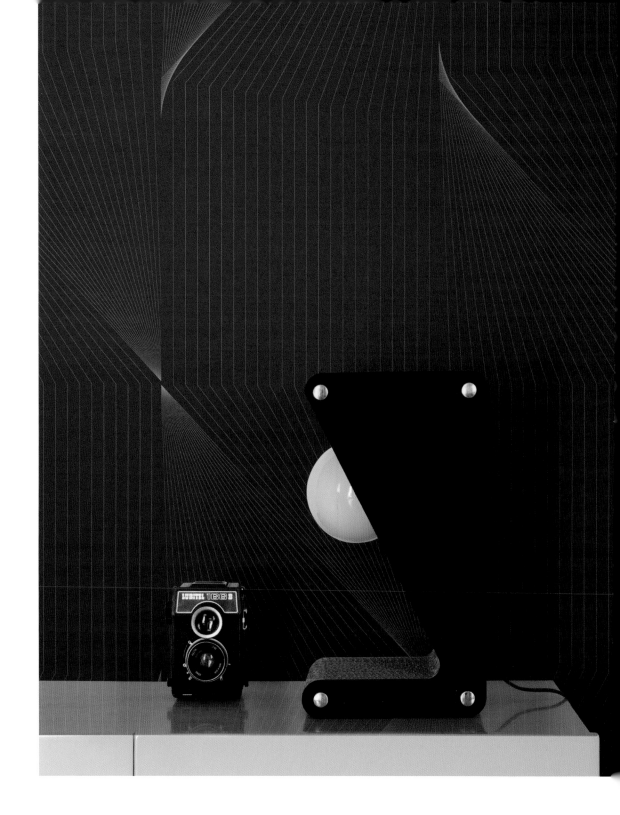

소브라펜시에로 디자인 스튜디오SOVRAPPENSIERO DESIGN STUDIO
방사형 벽지Radiant wallpaper, 2016 / 텍스투라에Texturae

로렌초 데 로사Lorenzo De Rosa와 에르네스토 라데비아Ernesto Iadevia의 협업 결과물인 소브라펜시에로 디자인 스튜디오는 2007년 밀라노에서 설립되었다. 이들 이탈리아 디자이너 듀오는 확연히 독창적인 디자인적 접근을 한다. 그들이 만드는 것이 램프든, 꽃병이든, 그라인더든, 그들의 실험적 조사는 놀랍고 혁신적인 형태로 이어진다. 공업 생산과 한정판의 경계에서 작업하는 소브라펜시에로는 이상적인 미학적 비전과 완벽하게 기능적인 제품을 함께 제공한다. 두 디자이너는 주로 형태와 재료의 결합을 이용하여 종종 우리의 인식에 도전한다. 그들의 디자인은 그들의 표현이 섬세한 것만큼이나 정교하다.

텍스투라에는 2016년에 벽지 세계에 혁명을 일으키기 위해 만들어진 브랜드다. 그들의 아이디어는 (성공적으로 구현될 경우) 일부 혁신적인 예술적 비전을 불러 모았고, 향상된 기술의 도움을 받아 공간을 장식하는 독창적인 그래픽을 창조했다. 소브라펜시에로 디자인 스튜디오의 포트폴리오는 진정으로 영감을 주며, 우아함과 정교함과 독창적인 아이디어로 가득하다. 텍스투라에는 벽지를 재발명했고, 이를 통하여 우리가 살고 일하고 역할을 수행하는 환경을 변형시켰다.

소브라펜시에로와 텍스투라에는 워프 컬렉션이라는 틀 안에서 협력했다. 텍스투라에는 워프 컬렉션에 대해 다음과 같이 말한다. "대담한 색깔, 아이콘이나 마찬가지인 극단적으로 겹치는 모양, 영원히 앞으로 나가는 시각. 워프 컬렉션은 주목하지 않을 수 없는 개성이 있다." 이 시리즈에서 소브라펜시에로가 기여한 부분은 방사형 선들의 그래픽 모티프를 사용하는 방사형 벽지다. 방사형 벽지는 검은색, 흰색, 회색, 황토색 등 여러 색으로 나와 있다. 그러나 시각적인 환각 효과는 어두운 색상일 때 가장 도드라진다. 패턴은 리듬감 있는 반복과 주기적 질서의 방해 사이에서 균형을 취하는 선들로 구성된다. 마치 템포를 바꾸고 크레센도crescendo(점점 세게)와 디미누엔도diminuendo(점점 여리게)가 있는 음악 작품 같다. 여기서 음악은 벽의 표면에서 연주되며 공간에서 효과적으로 울려 퍼진다. 벽지를 자세히 들여다보면 패턴의 작은 디테일들이 보이는데, 멀리서 보면 흐릿한 표면의 악센트 같다. 텍스투라에의 모든 벽지가 그렇듯 방사형 벽지에는 변화시키는 힘이 있고, 벽지의 평평함을 이용해 3차원적인 효과를 만들어 내는 흥미로운 패턴으로 인테리어를 장식한다.

엘리자 스트로지크ELISA STROZYK
나무 섬유Wooden textiles, 2014-현재

베를린에서 태어나 살고 있는 엘리자 스트로지크는 베를린 KHB에서 섬유와 표면 디자인을 공부했다. 그리고 파리에서 프랑스 국립 장식예술학교를 졸업했고, 런던에서는 센트럴 세인트 마틴스의 미래 텍스타일 디자인을 전공했다. 2009년에 다시 베를린으로 돌아와 가구, 조명, 섬유 디자인에 초점을 맞추는 자신의 스튜디오를 설립했다. 스트로지크는 재료의 전통적인 특징에 도전하는 대담한 실험으로 인정받았다. 그녀의 가장 매혹적인 프로젝트 중 하나는 2014년부터 진행 중인 나무 섬유 시리즈다. 이 시리즈에서 스트로지크는 나무 조각들을 늘릴 수 있는 표면으로 변형시켜 섬유 위에 부착했다. 나무와 섬유의 중간에 해당하는 이 새로운 재료는 격자무늬 천, 식탁보, 러그, 그리고 이 경우에는 커튼의 조형적 버전이 된다.

  스트로지크는 코디네이션 베를린의 의뢰를 받아 최고급 젤 매트리스와 베개를 판매하는 베를린 테크노젤스 플래그십 스토어를 위한 목재 배경 막을 디자인했다. 이 작품은 손으로 염색한 단풍나무로 만들었다. 컬렉션의 다른 섬유와 비슷하게 먼저 나무를 기하학적 조각들로 해체한 후, 다시 섬유 위에 조립하는 방식이다. 스트로지크는 이렇게 말한다. "타일의 기하학적 구조와 크기에 따라 각 디자인은 유연성과 이동성 측면에서 서로 다른 행동 특성을 보여 준다." 주요 목표는 촉각적 경험을 전달하고 보통 딱딱하다는 인상을 주는 재료인 나무를 기발하게 사용해서 놀라움을 주는 것이다. 디자이너는 딱딱함과 부드러움 사이에 있는 나무 표면의 새로운 특징에 대중의 호기심을 이용하는 한편 우리의 감각과 나무에 대한 기대를 시험한다. "모양이나 냄새는 비슷하지만 움직임과 형태를 예측할 수 없기 때문에 낯선 느낌을 준다." 커튼은 만지고 움직일 수 있도록 만들어졌다는 점에서 나무 섬유라는 아이디어를 흥미롭게 적용할 수 있는 분야다. 나무와 섬유 혼합은 시각적으로 놀라움을 준다. 특히 나무를 염색해서 3차원적 효과를 강화하는 경우 더 그렇다. 이 혁신적이고 조형적인 창문 장식은 움직일 때마다 달라 보인다.

크리스티나 셀레스티노CRISTINA CELESTINO
프로퓨모Profumo, 2016 / 이첸도르프 밀라노Ichendorf Milano

베니스 건축대학에서 건축을 전공한 크리스티나 셀레스티노는 수많은 건축 스튜디오와 협업했다. 이 과정에서 그녀의 관심은 점차 인테리어 건축과 디자인으로 옮겨 갔다. 마침내 2009년 밀라노에 정착해 램프와 가구를 전문으로 하는 브랜드인 아티코 디자인Attico Design을 설립했다. 이후 디자인 레이블을 위한 제품과 디자인 갤러리를 위한 한정판을 개발하고 있다. 그녀는 럭셔리 브랜드의 크리에이티브 디렉터로도 일했고, 건축을 전공했다는 배경 때문에 인테리어와 전시 프로젝트에도 관여했다. 셀레스티노의 철학은 다음과 같다. "이탈리아 디자인 걸작을 수집하는 위대한 수집가이자 모든 물건에 호기심을 갖고 있는 나의 작품은 관찰과 조사를 바탕으로 형태와 기능의 잠재력을 파헤치고 패션, 예술, 디자인의 전통적 관계를 넘어서며 프로젝트에 옛것과 새것, 전통과 현대를 향한 열정적인 관심을 불어넣는다. 나는 창의적인 솔루션을 개발하고 아이디어를 자유롭게 활용한다." 물론 그녀의 탁월한 제품들에 반영되어 있다.

프로퓨모는 붕규산 유리를 입으로 불어 만든 에센스 디스펜서다. 두 개의 대조적 구성 요소로 명확하게 분리되는데, 원통에는 골이 있는 유리를 사용해 복잡한 질감을 만들었다. 덕분에 빛의 반짝거림과 깊이감을 더했다. 윗부분에는 절개된 구체가 있다. 셀레스티노는 구체를 다음과 같이 설명했다. "꽃부리를 연상하게 하는 것으로, 향수를 더 깊이 음미하는 행위는 향수 장인의 앰플에 바치는 경의다." 두 구성 요소는 서로가 서로를 매혹적인 방식으로 돋보이게 해 준다. 그녀의 디자인은 재료와 재료의 본래 질감, 그리고 형태에 대한 뛰어난 감각이 특징이다. 또한 프로퓨모에서도 나타나듯 깊이 있는 분석은 기능적 요구를 완벽하게 충족하는 독창적이고 미학적인 제품을 만들 수 있게 한다. 그녀가 의도한 것처럼, 이 정교한 에센스 디스펜서는 향수의 언어를 구사한다. 프로퓨모의 제조업체인 이첸도르프는 20세기 초에 설립된 유리 전문 기업으로, 1990년대에 밀라노로 옮겨 왔다. 보석 장신구로 유명하며 1950년대에 깔끔한 형태와 재료의 순수성을 중시하는 스타일을 개발했다. 오늘날에는 유명 이탈리아 디자이너들과 협업해 첨단 유리 식기류들을 생산하고 있다. 이첸도르프는 독창적인 제품을 만들기 위해 전통과 혁신, 고대 기술과 현대적 형태를 결합한다.

좋은 디자인은 친환경적이다

"디자인은 환경 보호에 중요한 기여를 한다. 제품의
수명 주기를 통해 자원을 절약하고 물리적·시각적
공해를 최소화한다."

_디터 람스Dieter Rams

일부 예측에 따르면 2050년에는 전 세계 바다에 물고기보다 플라스틱 쓰레기가 많을 거라고 한다. 현재의 과잉 생산과 낭비 문화를 고려해 볼 때, 다른 여러 환경 재앙이 훨씬 빠르게 일어날 수도 있을 것이다. 우리가 사는 환경을 개선하는 일은 이제 디자이너들에게도 가장 중요한 과제 중 하나다. 지속 가능한 솔루션, 혁신적 재료, 그리고 공해를 줄이는 방법에 주안점이 있다. 지구 보존은 동시대의 모든 디자이너가 공헌해야 할 중대한 주제다. 기술의 한계를 끌어올리고, 재생 가능한 에너지 자원을 선택하며, 천연 성분을 사용하거나 재사용하면 세계를 친환경적인 방식으로 재창조하는 혁신적인 반응을 이끌 수 있다. 심상치 않은 규모의 소비와 낭비가 초래한 폐해에서 소재는 특히 핵심 요소다. 각 제품의 수명 주기는 가능한 한 자연 상태에 가까워야 한다.

진 구라모토 JIN KURAMOTO

진 의자 Jin chair, 2017 / 오펙트 Offecct

일본 디자이너 진 구라모토가 스웨덴 제조사 오펙트를 위해 디자인한 진 의
자는 100퍼센트 생물학적 소재가 사용되었다. 구라모토는 이렇게 이야기한
다. "나는 모형을 만들 때 아이디어 대부분이 떠오른다. 손을 움직여 가며 무
언가를 만들어 보는 것만이 디자인에서 새로운 가치를 찾을 수 있는 방법이
라고 믿는다. 진 의자도 종이로 의자 모델링 작업을 하다가 문득 진 의자의
시작점이 되는 새로운 구조를 발견했다."

  진 의자의 혁신적인 구조는 아마 섬유를 사용하여 만들어졌다. 디자이너
가 사용한 섬유는 시험을 통과한 생물학적 소재다. 효율적으로 공업화할 수
있고 또한 지속 가능한 가구를 생산하는 데도 사용할 수 있음이 입증되었다.
진 의자의 몸통을 만들기 위해 먼저 얇은 아마 섬유 층을 겹겹이 쌓았다. 이
층들은 의자의 단단한 겉면을 형성하지만 내부는 비어 있다. 기발한 구조 덕
분에 생태학적일 뿐만이 아니라 초경량 의자가 되었다. 또한 환경 친화적 제
작 과정도, 그리고 의자의 미니멀한 미학도 앉았을 때의 편안함에는 영향을
주지 않는다. 심지어 더욱 편안한 사용감을 위해 덮개를 씌울 수도 있다. 진
의자는 카본 섬유 재질로도 출시되었다. 구라모토의 디자인은 환경에 미치

는 제품의 영향을 최소화함으로써 오펙트의 '라이프 서클' 철학을 잘 보여 주는 예다. 오펙트는 다음과 같이 언급한다. "우리는 우리 제품을 생산할 때 지구의 자원을 가능한 한 적게 사용하는 게 목표다. 순환 재활용을 통해 우리가 만든 제품에 책임진다." 오펙트의 컬렉션은 시장 수요에 따라 만들어진다. 하지만 각각의 디자인 및 생산 과정의 핵심은 제품의 사용 기간을 늘릴 수 있는 솔루션을 개발하고, 장기적으로는 지속 가능하게 만드는 데 있다. 오펙트의 엔지니어들과 제품 의뢰를 받은 디자이너들은 새로운 가능성을 탐색하고 미래 가구 산업의 지속 가능한 솔루션을 찾기 위해 함께 긴밀하게 작업한다. 흥미롭게도 자신들의 제품을 위한 중고 시장을 도입해 소비자들이 가구를 교체하거나 보수할 수 있게 했다.

진 구라모토는 1999년에 가나자와 예술학교를 졸업하고, 2008년에 도쿄에 자신의 스튜디오를 설립했다. 이 디자이너는 가구, 가전 및 가정용 액세서리를 개발한다. 구라모토는 자신의 디자인 접근법을 사물의 정수를 소개한다고 설명했는데, 실제로 이를 아주 명료하고 혁신적인 스타일로 진행한다.

아틀리에 멘디니ATELIER MENDINI
알렉스 긴 의자Alex Chaise Longue, 2017 / 에코픽셀®ecopixel®

에코픽셀은 제작자인 클라우디오 밀로토Claudio Milioto와 디자이너인 후안 포야르Juan Puylaert가 끝없는 재활용 가능성을 콘셉트로 하여 함께 창립한 이탈리아 브랜드다. "우리는 제품을 다른 무언가에 재사용할 수 있는 재료의 정확한 양으로 파악해야 한다." 이들이 강조하는 모토다. 또한 자신들만의 제작법을 '재료와 고체화의 중간 지점'이라고 부른다. 에코픽셀의 철학은 특별히 플라스틱 낭비를 줄이는 데 있다. 제작 과정에서 어쩔 수 없이 발생하는 쓰레기를 효과적으로 최소화하도록 제품 디자인을 수정하고, 수정된 디자인을 실행에 옮긴다.

알레산드로 멘디니Alessandro Mendini는 자신의 디자인을 이렇게 명명한다. "알렉스 긴 의자는 인상주의로 볼 수 있다." 이 의자는 상징적인 이탈리아 출신의 국제적인 디자이너와의 협업으로 탄생했다. 주목할 만한 작품으로 혁신적인 기술을 사용해 폴리에틸렌 쓰레기(정확히 말하자면 파쇄 플라스틱)를 점묘법을 적용한 디자인 제품으로 탈바꿈시켰다. 예술 작품으로 볼 수도 있다. 질감이나 색채학적 관점 모두에서 풍부한 표현을 보여 주는 알렉스의 형태는 다각도로 된 평평한 면들과 생동감 있는 가장자리 선의 조합에서 형태를 이끌었다. 결과적으로 종이접기 작품 같으면서도 강렬한 느낌의 형태지만 물론 앉았을 때도 편안하다. 형태의 역동적인 특징은 무작위로 섞인 색색의 점들

로 더욱 강조되었다. 여덟 가지의 선명한 색은 멘디니가 직접 신중하게 골랐다. 이렇게 혁신적이고 화려한 야외용 가구를 만들 수 있었던 것은 에코픽셀의 특별한 가압 회전 제조 방법 덕분이었다. 디자이너는 여기에 아낌없는 찬사를 보낸다. "에코픽셀의 놀라운 품질은 질감과 색깔을 통해 강력한 표현을 할 수 있는 좋은 기회를 제공했다." 이 디자인은 100퍼센트 재활용이 가능하며 놀라울 만큼 내구성이 좋다.

알렉스는 알레산드로 멘디니, 프란체스코 멘디니Francesco Mendini 및 아틀리에 멘디니의 알렉스 모시카Alex Mocika가 디자인한 한정판 제품이다. 알레산드로 멘디니는 1989년에 형제인 프란체스코와 함께 아틀리에 멘디니를 설립했다. 밀라노를 기반으로 한 이 회사는 다양한 분야에서 작업했다. 이곳에는 여러 건축가, 그래픽 디자이너 및 산업 디자이너들이 모여 있으며 스튜디오는 깊은 리서치와 과감한 소재 실험으로도 유명하다. 심지어는 이러한 특성을 더욱 발전시키기 위한 특별 부서까지 만들었다. 알레산드로 멘디니는 밀라노 폴리테크니코에서 건축을 전공했다. 디자이너 겸 건축가로서의 그의 커리어는 여러 요소로부터 받은 영향과 다양한 형태의 융합이 특징이다.

슈퍼 로컬SUPER LOCAL
트렌딩 테라조Trending Terrazzo, 2017

네덜란드 출신 디자이너인 핌 판 바르센Pim van Baarsen과 루크 판 호켈Luc van Hoeckel은 빈곤층의 삶의 질을 향상시키는 제품, 서비스 및 시스템을 디자인하기 위해 슈퍼 로컬을 설립했다. "우리는 열정적으로 문제를 해결하는 사람들이자 스토리를 만드는 사람들이자 수리공이다. 인간 중심적인 우리의 접근법은 수작업으로 행해지며 지역 커뮤니티, 단체 및 파트너들과의 협업에 기반을 둔다." 이들의 프로젝트 중 탄자니아 잔지바르에서 작업한 것은 유리 쓰레기로, 아주 특별한 가정용품 컬렉션을 만들어 냈다. 사실 이 디자인은 그보다 2년 전에 시작되었다. 잔지바르를 방문한 두 사람은 아프리카를 방문한 여행객 무리가 버린 어마어마한 규모의 폐 유리병이 전혀 재활용되지 않는다는 사실을 알고 충격을 받았다. 이들은 친환경적인 협업 작업 및 호텔에서 나오는 유리병을 사용한 제품을 만들기 위해 지역 공예가들을 초대하는 아이디어를 냈다. '보틀 업Bottle Up'이라고 불리는 이 프로젝트는 유리가 버려질 필요가 없다는 사실을 증명했다. 그러나 디자이너들은 이 결과에 완전히 만족하지 못했다.

판 바르센은 이렇게 설명한다. "깨지거나 오염된 유리로는 멋진 제품을 만들기 어렵다. 그래서 테라조라는 결론을 내리게 되었다. 우리는 이것을 유리 조각들과 시멘트를 섞어 만들었다." 폐 유리는 아주 아름다운 물건으로 변모해 뛰어난 효과를 냈다. 테라조 가정용품 컬렉션은 여러 색으로 반짝이는 구조와 단단한 모양 및 기하학적 형태가 이루는 아름다운 대조로 우리 눈을 즐겁게 만든다. 전체 시리즈는 벤치, 테이블, 접시 및 꽃병으로 구성되어 있으며, 잔지바르에서 독점적으로 생산 및 판매되었다. 단순히 소재를 재활용하는 것만이 아니라 현지 관광 리조트에서 사용할 수 있는 무언가를 만들고, 보다 넓은 의미에서 재활용하겠다는 아이디어가 담겨 있다. 또한 두 사람은 물건이나 가구를 수입하는 대신 지역 공예가들을 고용하기를 바랐다. 이들은 자신들의 아이디어를 보다 큰 규모에 적용할 수 있다고 믿었기 때문에 이 가정용품 컬렉션을 보다 거대한 프로젝트의 시작으로 보았다. 가능한 솔루션 중 하나는 폐 유리를 잘게 부수어 건축 자재로 사용되는 모래로 만드는 것이었다. 이렇게 하면 현지 건축업계에도 접근이 가능하다. "핵심은 프로젝트의 크기 및 건축 벽돌 생산을 시작하는 것이다. 우리가 큰 움직임을 만들 수 있기에 매우 흥미진진한 일이다."

아디다스Adidas 디자인 팀
3D 프린터로 만든 해양 플라스틱 신발3D-printed Ocean Plastic shoe, 2015

바다에 버려지는 플라스틱 쓰레기의 양은 연간 8백만 세제곱미터로 추정된
다. 1분마다 쓰레기 수거 트럭에 꽉 차는 양의 플라스틱이 바다에 버려진다고
생각하면 된다. 허무맹랑한 이야기로 들릴 수도 있겠지만, 예측 결과에 따르
면 2050년에는 무게 면에서 바다에 물고기보다 플라스틱 쓰레기가 많을 거라
고 한다. 부정적 지표는 지속적으로 늘어나는 추세다. 이미 존재하는 플라스
틱 쓰레기를 재활용할 해결책이 절실하다. 현재 점점 더 많은 해양 정화 계획
이 착수되고 있다. 해수면에 떠 있는 플라스틱 섬을 수거하는 특수 장치를 만
드는 것도 있다. 많은 제조사가 플라스틱을 재사용하고 새로운 제품을 만들어
낼 방법을 개발 중이다. 그중에는 글로벌 브랜드 아디다스도 있다. 해양 플라
스틱을 사용한 재료로 운동화의 윗부분을 만들고, 중창을 재활용 폴리에스터
와 자망을 사용해 3D 프린터로 출력한 새로운 운동화를 디자인한다는 아이
디어다. 아디다스는 이산화탄소 배출량과 함께 버진virgin 플라스틱(*새로 생산
한 플라스틱) 사용량 줄이기가 제품 생산 목표라고 선언했다.

이 혁신적인 모델은 파를리Parley라는 단체와의 협업으로 시작되었다. 해양의 취약성에 경각심을 높이고, 현재 상황에 경고를 보내는 것을 목적으로 하는 단체다. 파를리는 해양 파괴를 되돌리는 데 도움이 될 환경 프로젝트를 위한 플랫폼이다. 이들은 아디다스와 함께 신기술 및 혁신적인 신발 작업에 들어갔다. 처음에는 운동선수들을 대상으로 한 제품에 사용되는 지속 가능한 새로운 재료를 만들었다. 3D 프린터로 출력한 해양 플라스틱 운동화는 효과적으로 해양 쓰레기를 줄일 수 있는 보다 국제적인 해결책으로 이어지는 첫걸음이라고 할 수 있다. 그리고 몇 년 뒤 아디다스는 파를리와 협업해 만든 원사로 제작한 몇 가지 모델을 내놓았다. 아디다스는 이렇게 설명한다. "이 제품에 사용된 일부 원사는 파를리 해양 플라스틱™Parley Ocean Plastic™으로, 해변 및 연안 마을에서 쓰레기들을 바다에 버리기 전에 받아와 이를 원료로 만들었다." 가장 혁신적인 운동화에는 근접 통신 칩이 내장되어 있다. 핸드폰으로 스캔하면 플라스틱 병에서부터 최종 제품까지 이르는 해당 운동화의 스토리를 볼 수 있고, 해양 보존을 어떻게 도울 수 있는지에 관한 추가 정보를 제공한다.

마르얀 판 아우벨MARJAN VAN AUBEL
커런트 윈도우Current Window, 2016 / 카방투Caventou

네덜란드 출신 디자이너 마르얀 판 아우벨은 왕립예술학교 및 리트벨트 아카데미 디자인 랩을 졸업했다. 주로 고도로 혁신적이고, 지속 가능성과 디자인 및 기술의 상호 연결성을 탐색하는 데 초점을 맞춘 작업을 해 왔다. 그녀의 리서치는 흥미로운 동시에 혁명적이라고 할 수 있다. 과학자, 엔지니어 및 스와로브스키나 네덜란드 에너지 센터 등의 기관들과 여러 차례 협업을 진행했는데, 지능적인 디자인을 통해 에너지 효율성을 극도로 촉진하는 새로운 방법들을 개발해 왔다. 그녀의 대표적인 아이디어는 태양광 전지를 다양한 물건에 통합시키는 것이다. 간단히 말해 식물의 광합성 과정을 모방하여 에너지를 생산한다는 아이디어다. 판 아우벨의 포트폴리오에 있는 물건들은 단순한 물건들이 아니라, 언제나 추가적인 가치를 지닌다. 그녀는 여러 번의 수상 경력이 있는 지속 가능한 디자인 전문 단체인 카방투의 공동 창립자이기도 하다. 이 단체는 태양광 기술을 우리 일상의 일부로 만드는 데 중점을 둔다.

커런트 윈도우는 최신 태양광 전지 기술을 사용한다. 창문 유리에 접목시킨 이 기술은 낮에는 햇빛을 받아 효율적으로 전기를 생산한다. 마르얀 판 아우벨은 "이 제품에 들어 있는 염료 감응형 태양광 전지는 광합성과 흡사한 과정으로 작동하여 색의 성질을 기계 및 가전제품들에 사용할 수 있는 전기 전류로 바꾼다"고 설명했다. 색들은 서로 다른 파장을 가지고 있다. 따라서 제각기 다른 에너지를 발생시킨다. 디자이너는 창문의 무늬를 만들 때 염료 감응형 전지 제조사와 긴밀하게 협업함으로써 가능성을 최적화하면서도 아름다운 시각적 효과를 줄 수 있게 했다. 이 시스템은 에너지 양의 측정이 가능하며 보다 넓은 면적에 사용될수록 많은 에너지를 생산하는데, 개인적 용도에 맞게 조정할 수 있을 만큼 유연하다는 의미다. 커런트 윈도우는 실용적인 측면이 미학적 가치를 훼손시키지 않는다. 태양광 전지는 색깔을 입혔을 뿐만이 아니라 창문을 장식할 수 있는 다양한 무늬로 되어 있다. 내부가 뚜렷하게 보이지 않는 구조 덕분에 친밀감마저 안겨 준다. 디자이너는 이 기술을 현대의 스테인드글라스라고 부른다. 같은 기술을 테이블 디자인에도 사용함으로써 혁신적인 가구를 탄생시키기도 했다. 커런트 테이블의 표면에 있는 태양광 전지는 실내에서 USB 포트를 통해 기계를 충전할 수 있는 에너지를 모은다. 어떤 케이블도 필요하지 않으며, 희미한 빛 아래서도 작동 가능하다. 마지막으로, 하지만 다른 것과 마찬가지로, 중요한 점은 특별히 개발한 앱을 통해 빛의 세기와 축적된 에너지 잔량을 확인할 수 있다는 것이다.

도트DOTE
반려동물을 위한 액세서리Accessories for pets, 2017

2017년에 가구 디자이너인 닉 월렌버그Nic Wallenberg와 헬레나 헤데스테트 Helena Hedestedt는 도트를 설립했다. 런던에 기반을 둔 이 반려동물 디자인 스 튜디오는 반려동물과 그들의 주인을 위해 제작된 물건을 만드는 데 집중하고 있다. 이미 유명한 속담처럼 '필요는 발명의 어머니'다. 도트는 두 디자이너가 자신들의 고양이인 시카와 키라를 위한 스마트하고, 모던하며, 지속 가능한 필수품들을 찾을 수 없어 내놓은 해결책이다. 두 사람은 이러한 격차를 메우 기로 결정하고, 자체 브랜드를 내놓았다. 그들의 첫 번째 컬렉션의 원형은 다 음과 같다. 먼저 혁신적인 모듈 방식의 고양이 벽 타워는 협소한 공간에서도 실내 표면적을 효율적으로 넓혀 주는 것은 물론이고 벽에 미니멀한 장식 효 과마저 준다. 그루밍 세트는 실리콘 브러시와 재활용 스테인리스 스틸 소재의 빗으로 구성된다. 또 우아한 이동장은 작은 동물들을 안전하게 이동시킬 수 있도록 디자인되었다. 어깨끈이 있고, 부드러운 그물 소재로 안감을 대었다. 조형 가능한 담요는 쉽게 형태를 만들 수 있고 완벽한 놀이터로도 기능한다. 다른 제품을 생산하고 남은 재료로 만든 장난감도 있다.

반려동물을 위한 액세서리들은 보통 저렴하고 부실한 소재로 조악하게 제 작되거나 미학적 감각이 전혀 없다(또는 둘 다이다). 그러나 두 사람의 주요 목표는 미니멀하면서 제대로 만든 물건이다. 결과적으로 미학적으로 아름다

우며 다양한 인테리어와 호환되고 동시에 반려동물의 실용적 필요를 충족시켜 주는 제품을 만들었다. 두 사람은 이렇게 강조한다. "도트는 각각의 제품이 환경 친화적이고, 공간을 개선하며, 가장 중요한 요소로는 조화로운 공존을 독려해야 한다는 믿음이 있다." 이들의 포부는 온전히 지속 가능한 물건을 만드는 데 있다. 대부분이 엄격히 통제되는 스웨덴의 공장에서 생산되는 도트의 제품들은 모두 채식주의 기준에 맞다. 부분적으로 재활용 소재를 쓰고 PET 펠트는 재활용이 가능한 소재만을 사용한다. 전부 재활용 플라스틱 병으로 만들었다. 헤데스테트는 "우리는 다양하게 쓸 수 있고, 내구성이 좋으며 보온성 때문에 반려동물이 본능적으로 끌리는 소재라 펠트를 택했다. 내구성과 투과성이 좋은 펠트 구조의 조합은 특히 고양이의 요구를 잘 충족시킨다"고 전했다. 고양이들이 스크래칭을 하고 높은 곳에 올라가는 행동은 실제로도 반려동물의 스트레스 지수를 낮춘다. 또한 발톱 관리에도 도움을 준다. 열을 보존하고 소음을 흡수하는 펠트의 열성 및 음향성 역시 과소평가되어서는 안 될 것이다.

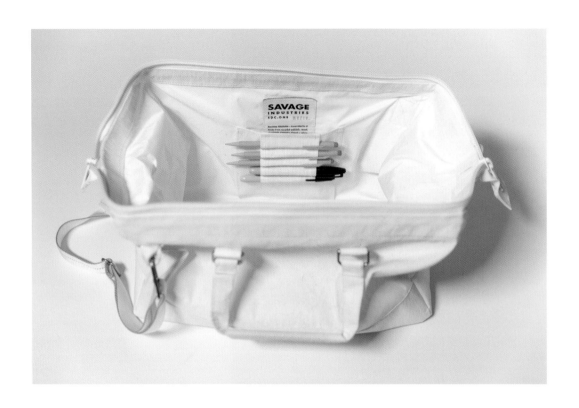

애덤 새비지ADAM SAVAGE
EDC 원EDC One, 2017 / 마피아 백MAFIA Bags

마르코스Marcos와 파즈 마피아Paz Mafia는 남매 디자이너 듀오다. 2012년에 고향 부에노스아이레스에서 자신들의 브랜드를 론칭했다. (2년 후에는 본사를 샌프란시스코로 이전했다.) "마피아 백을 사면 해양을 보존하고 지역 사회와 지속 가능한 실천을 돕는 데 일조하는 것이다." 이들의 해양 스포츠에 대한 열정과 (마르코스는 프로 카이트 서핑 선수였다) 지속 가능성에 대한 열정은 업사이클링 및 가방 제조 회사를 세울 만큼의 영감을 불어넣었다. 이 가방은 운동선수들, 단체 또는 개인이 회사에 기부한 재활용 돛으로 제작되었다. 마피아 백은 기본 모델들도 다양하게 갖추고 있지만 특별한 프로젝트를 위해 디자이너들과 다양한 협업에 착수했다.

테스티드닷컴Tested.com의 편집장이었던 애덤 새비지와 함께 나사NASA에서 영감을 받은 일상용 가방인 EDC 원을 만들어 낸 것이다. 새비지의 설명은 이렇다. "이 가방은 단순성, 내용물을 찾을 때의 편의성 및 내구성에 초점을 맞추었다. 가방의 밝은 색깔은 내가 나사를 좋아하기 때문이기도 하지만, 더 중요한 이유는 다른 모든 공구 가방이 어두운 색깔인 점이 잘못되었다고 생각해서다. 나는 공구 가방 바닥에서 물건을 찾을 수 없어서 시간을 많이 허비했지만 이제는 그럴 일이 없다."

이 가방은 튼튼하다. 거의 파기 불가능한 수준에 가까운데, 제조사가 평생 품질 보증을 제공하기 때문이다. 그리고 가볍다. 또 다른 실용적 솔루션은 가방 끈에서도 찾을 수 있다. 혁신적인 손잡이에는 자석이 붙어 있어 위쪽으로 모아진다. 가방의 형태는 상징적인 가방 및 공구함의 영향도 있지만 닐 암스트롱이 아폴로 호의 장비를 넣어 달에 가지고 갔던 가방에서 영감을 얻었다. 조가비처럼 열리는 입구 부분은 굵은 스틸 소재 용수철로 지지된다. 모양을 잡아 줄 뿐만이 아니라 가방을 사용하기 훨씬 쉽게 해 준다. 안쪽에는 유용한 필기구용 주머니가 있다. 이 가방의 작은 버전인 EDC 투EDC Two 역시 흰색으로 출시되었다. 이 제품들은 주로 버려진 돛을 업사이클링해 만들었기 때문에 모든 가방이 조금씩 다르다. 이런 이유로 손으로 써 넣은 고유 번호가 있어 모델명과 생산 번호를 일일이 확인할 수 있다.

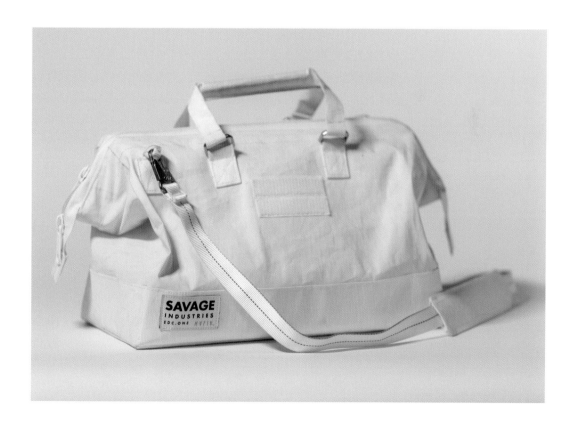

카림 라시드KARIM RASHID
보블®bobble®, 2016 / 보블bobble

회사의 언급에 따르면 보블의 사명은 '재사용이 가능하고 온종일 갖고 다니고 싶을 정도로 좋은 음료수 용기를 만들어, 한 번 마시고 버려지는 음료 때문에 터무니없이 많이 발생하는 쓰레기의 양을 줄이는 것'이다. 이들이 만든 병은 재사용이 가능하다. 그리고 탄성이 좋아 세련된 모습을 유지한다. 날렵한 형태 때문에 손으로 잡기도 쉽다. 우리에게 건강과 운동을 권장하면서(운동할 때나 바쁜 일상 중에서도 수분 공급은 언제나 중요하다) 일회용품 쓰레기를 효과적으로 줄인다. 현대인의 삶에서 보블은 세련된 액세서리다.

　동시대 디자이너들 중 가장 다양한 작품을 선보이는 디자이너 중 한 사람으로, 이집트에서 태어나 캐나다에서 자랐고 뉴욕을 기반으로 활동하는 카림 라시드가 디자인했다. 그의 스타일은 환상과 선명한 색들로 가득하다. 몇 가지 예만 들어도 가구, 식탁용품, 조명 및 포장 등 다양한 분야에서 개성 있는 표현을 보여 주었다. 라시드의 디자인은 개성적이고 빼어나다. 그리고 거장다운 솜씨로 선택한 색들로 선보이는 아름다운 형태가 특징이다. 그의 성명서에는 다음과 같은 내용이 들어 있다. "나는 우리가 완전히 다른 세상에서 살 수 있으리라고 믿는다. 그 세상은 진정한 동시대적 영감을 주는 물건, 공간, 장소, 세계, 정신 및 경험으로 가득하다." 라시드의 유쾌하고 열정적인 디자인은 분명 우리의 일상 속 경험에 긍정적인 영감을 제공한다.

보블은 라시드의 또 다른 디자인이다. 기능적으로 혁신적으로 미학적으로 즐거움을 준다. 이 물통의 클래식, 인퓨즈 및 스포츠 버전에는 휴대 가능한 카본 섬유 소재 필터가 장착되어 있다. 프레스 버전에는 마이크로 필터가 달려 있는데, 어디서나 물을 정수할 수 있게 만들어 주는 대단한 혁신이다. 이 필터 시스템은 수돗물의 염소 및 유기 오염 물질을 제거해 주며, 정수된 물은 깨끗하고 상쾌하다. 일회용 통에 든 생수를 살 필요가 없다. 보블이 있으면 언제 어디서든 품질이 보장되는 정수된 물을 만들고 병에 채울 수 있다. 보블 필터 한 개로 최소 3백 개의 일반 물통을 대체할 수 있으니 환경에 미치는 영향이 상당하다. 라시드는 이렇게 말한다. "보블의 뛰어난 점은 온전히 보편적이고, 전 세계 소비자들의 필요를 충족시킨다는 데 있다. 지속적으로 수분을 섭취할 수 있고 돈과 지구를 아낄 수 있다. 그리고 뛰어난 디자인을 가진 물통이다." 디자이너의 특징적인 색 사용은 보블에 활기찬 악센트를 더했다. 필터와 뚜껑 및 작은 손잡이는 녹색, 빨간색, 파란색, 마젠타, 검은색 및 노란색으로 출시되었다. 사인 그래프의 곡선 같은 형태의 물통은 손으로 잡기 편하다.

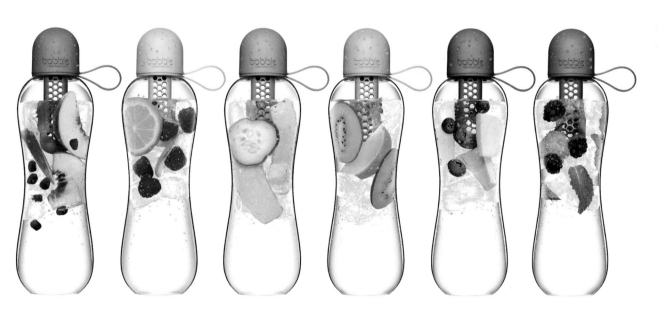

브라이언 시로니BRIAN SIRONI

BIT 라디에이터BIT radiator, 2013 / 안토니오루피antoniolupi

라디에이터가 지속 가능한 물건이 될 수 있을까? 안토니오루피에서 제조한 브라이언 시로니의 BIT는 이 질문의 궁극적이고도 긍정적인 답변이다. 알루미늄으로 만든 이 수직형 라디에이터는 예상 외로 미니멀한 형태다. 한 덩어리로 이루어진 제품의 형태는 욕실에 절제되면서도 장식적인 느낌을 더한다. 시로니의 설명은 이렇다. "작은 변화가 큰 차이를 만든다. BIT의 표면은 작은 차원의 변형들로 이루어진 연속적인 수직 띠가 두드러지게 보인다." 불규칙하게 배열된 수직 방향 슬레이트들은 그래픽적이면서도 촉각적인 시각 효과를 낳는다. 제조사는 이 디자인에 대해 다음과 같이 언급했다. "BIT는 표면의 미묘한 변형에서 오는 빛과 그림자 부분이 만드는 리드미컬한 배열로 벽을 '그려 내', 이 표면 변형은 파인 곳과 돌출부가 교류하며 마치 열로 종이접기를 하는 효과를 낸다." 평평하지만 밋밋하지 않은 표면으로 욕실을 효과적으로 난방해 주는 이 제품은 다양한 길이로 출시되었다. 가장 중요한 점은 100퍼센트 재활용 알루미늄으로 제작했기에 온전히 지속 가능하다는 데 있다. 제조사는 BIT와 함께 사용자의 디자인적 필요에 따라 개인적으로 제품을 도색할 수 있는 프라이머를 제공한다. 욕실을 새단장할 때 아주 편리하다. BIT

라디에이터는 벽과 같은 색으로 칠하면 그 일부가 되고, 아주 대조적인 색을 칠하면 제품의 순수한 형태를 강조할 수 있다. 2014년에는 BIT의 보다 가벼운 버전도 출시되었는데, 7센티미터 두께로 더욱 미니멀한 모양이다. 이 제품은 온수 및 전기 난방 버전으로 출시되었다. 라디에이터에는 전자 부품이 들어 있어 리모컨으로 조작할 수 있다.

브라이언 시로니는 밀라노 폴리테크니코에서 산업 디자인을 전공했다. 미국에서 경력을 쌓은 그는 밀라노를 기반으로 한 스튜디오를 설립했다. 이탈리아 출신 디자이너의 목표는 산업 디자인에 대한 접근을 수공예 문화와 접목하는 것이다. 안토니오루피는 수십 년간 이어져 온 욕실 가구 전문 브랜드다. 모든 제품을 이탈리아에서 생산하는 이 브랜드 제품의 핵심은 창의성, 혁신 및 스타일이다. 미니멀한 미학을 가지고 혁신적이고 뛰어난 품질의 욕실 설비를 제안한다.

라이언 마리오 야신RYAN MARIO YASIN
쁘띠 쁠리 의류Petit Pli clothing, 2017

라이언 마리오 야신은 진정 혁명에 가까운 옷감을 개발했다. 아이와 같이 자라는 옷을 만들 수 있다! 시장에 출시된 아동용 의류가 지루한 디자인에다 풍모도 좋지 않다는 점을 발견한 야신은 고도로 혁신적인 해결책을 제안하고 기술과 패션을 결합할 수 있는 런던 기반의 브랜드를 론칭하기에 이르렀다. 디자이너의 여자 조카와 남자 조카인 로냐와 비고는 그가 가장 많은 영감을 얻는 대상이다. 야신은 항공학 엔지니어로 일한 경험이 있다. 효율적으로 활용할 수 있는 구조를 전문으로 다루었던 그는 자신의 놀라운 컬렉션에 최첨단 기술을 적용시켰다.

종이접기를 연상시키는 쁘띠 쁠리 의류는 다용도다. 그리고 양면으로 사용이 가능하도록 디자인되었다. 4-36개월 아이들이 모두 입을 수 있는 이유는 여러 방향으로 늘어나는 옷감으로 제작한 덕분이다. 생후 2년간 나날이 성장하는 아이들에게 일곱 가지 사이즈로 입힐 수 있다. 브랜드의 설명은 다음과 같다. "다용도로 사용이 가능하고 방수 기능이 있는 쁘띠 쁠리는 양방향으로 늘어날 수 있도록 주름을 잡아 다양한 범위의 사이즈에 모두 맞출 수 있다. 지속적으로 사이즈를 조정할 수 있다는 것은 의복 디자인에 대한 새로운 접근 방식이다. 특히 개인 차이가 크며 성장 속도가 빠른 아이들에게 적합하다." 시각적으로도 효과적이며, 특별한 주름 공정 덕택에 이 소재는 수정이 편리하면서도 오랫동안 입을 수 있다. 그 결과 부모들이 자녀들의 의류 구매에 쓰는 비용을 줄여 준다. 또한 쓰레기를 눈에 띄게 감소시켜 환경에도 긍정적인 영향을 준다. 일곱 단계의 사이즈로 늘어나기 때문에 일반적인 의류를 구입하는 것보다 일곱 배의 쓰레기를 줄인다. 현재 이들이 생산에 사용하는 옷감은 합성 섬유다. 적은 재료를 사용하면 플라스틱 소비를 줄이는 데 크게 도움이 되기 때문에 지속적으로 대체 재료를 찾고 있다. 제품의 범위는 계속해서 확장할 계획이다.

쁘띠 쁠리 의류의 수많은 이점 중 하나는 초경량이고 접기 쉽다는 점이다. 수납공간이 기존과 비교하여 훨씬 적게 필요하다는 뜻으로, 집에서만이 아니라 여행 시에도 적용된다. 싸기 쉽고 공간을 적게 차지하며 무게도 별로 나가지 않는다. 이 혁신적인 옷은 세탁기에서 30도의 물로 세탁할 수 있다. 물론 다림질할 필요도 없다. 쁘띠 쁠리는 주로 겉옷을 만드는데 이 옷들은 천연 소재 속옷 위에 입어야 한다. 그러나 내구성과 통기성이 좋은 범위의 옷감을 사용한다. 쁘띠 쁠리가 제조한 옷들은 바람을 막아 주며 방수 소재라 아이들이 날씨에 상관없이 세상을 자유롭게 탐험할 수 있도록 한다.

좋은 디자인은
최소한의 디자인이다

"적은 것이 많은 것보다 낫다. 적을수록 핵심적인 측면에 집중할 수 있고, 제품이 불필요한 것에 시달리지 않기 때문이다. 디자인은 순수성과 단순성으로 돌아가야 한다."

_디터 람스Dieter Rams

'최소한의 디자인'은 건축가 미스 반 데어 로에의 신조인 "적은 것이 많은 것이다"를 가리키는 말이다. 여기에 람스는 "적은 것은 더 나아질 수 있는 유일한 많은 것이다"라고 덧붙였다. 일본 철학의 와비사비ゎびさび(*물질적으로는 부족하지만 본질적으로는 깊이가 충만한 상태) 같은 개념에서 영감을 받은 디자인의 권위자에게 주된 영감은 무엇일까? 람스는 다음과 같이 답한다. "우리는 우리를 둘러싼 형태, 색, 상징의 혼돈을 과감하게 줄여야 한다. 우리는 자극들에 압도되지 않도록 우리 자신을 지키고 우리 자신의 자아를 위해 일정한 자유재량을 되찾을 수 있도록 순수함과 단순성으로 돌아가야 한다." 순수성과 단순성은 이번 장에서 소개하는 디자인의 핵심이다. 이 디자인들의 미니멀한 형태에는 여전히 미학적 가치와 실용성이 모두 포함되어 있다. 오늘날의 시대정신과도 완벽하게 공명한다.

베른하르트 & 벨라BERNHARDT & VELLA

벨라Vela, 2016 / 아르플렉스Arflex

엘렌 베른하르트Ellen Bernhardt는 독일 출생이고, 파올라 벨라Paola Vella는 이탈리아 출생이다. 2001년에 밀라노로 옮긴 두 사람은 7년 후인 2008년에 협업을 시작했다. 이후로 두 디자이너는 여러 제조업체의 디자인을 개발하면서 제품의 감정과 시를 표현하는 단순한 형태 만들기에 집중하고 있다. 이들은 형태와 색의 솜씨 좋고 정교한 상호 작용을 통해 목표를 성취해 나간다. 이러한 결합은 2016년에 아르플렉스를 위해 디자인한 벨라 스크린에서 중요한 역할을 했다. 벨라 스크린은 두 개의 거대한 유리판이 연결되어 있어 서로를 보완해 준다. 거대한 크기는 스크린의 투명함과 흥미로운 그림자를 만들어 내는 능력으로 상쇄된다. 그리고 정교한 색상을 갖춘 다양한 색 조합이 빛을 이용해 아늑하면서도 우아한 분위기를 창출한다. 벨라 유리 패널(각 요소는 저마다 모양이 다르다)의 비범한 선은 공간을 제한하거나 압도하지 않고 분리시킨다. 스크린은 친밀한 느낌을 주지만 그렇다고 공간을 너무 많이 잠식하지는 않는다. 대신 공간과 융화되며 방을 부드럽게 분할한다. (높이 방향을 따라 부분적으로 이어진 황금색 금속 막대에 의해) 패널이 가장 미니멀한 방식으로 연결되어 있기에 벨라 스크린은 공중에 떠 있는 것 같은 신비로운 느낌이다.

베른하르트와 벨라가 만든 구조는 섬세한 아름다움을 통해 놀라움을 전한다. 벨라는 실용적이면서도 장식적이다. 스크린은 불편한 칸막이가 될 수 있지만 여기서 디자이너들은 한 공간을 둘로 나누면서도 두 개로 나뉜 공간을 융합하는 효과를 성취했다. 불규칙적인 실루엣은 가구의 정적인 부분이 되는 대신 주변 환경과 상호 작용한다. 구조의 활력은 두 개의 색을 사용하고 빛에 반응해 생기는 그림자를 흥미롭게 사용함으로써 향상된다. 벨라의 형태적 순수성은 형태적 충돌과 색깔 순서를 정교하게 선택함으로써 강화된다. 미니멀한 방이든, 사무실이든, 역사적 인테리어든, 벨라는 어떤 환경에서도 제 역할을 해낼 것이다. 우아하고 단순한 벨라는 설치 요소가 거의 눈에 띄지 않기에 어떤 공간에든 가벼움을 선사한다. 독립적인 구조와 미묘한 색상, 고전적인 재료를 고려할 때 요란하지 않은 디자인이다.

로낭 & 에르완 부홀렉RONAN & ERWAN BOUROULLEC
세리프 TVSerif TV, 2015 /삼성Samsung

프랑스의 형제 디자이너인 로낭과 에르완 부홀렉은 어떤 디자인 프로젝트를 수행하든 혁신적인 접근을 하기로 유명하다. 그들의 창의적인 아이디어는 제품의 실용적 측면을 유지하면서도 미니멀한 스타일로 실현된다. 파리에 있는 형제의 스튜디오는 20여 년 동안 독창적이고 사고 싶은 여러 제품들을 만들어 왔다. 그들의 디자인에는 스타일과 개성, 독창성이 담겨 있기 때문이다. 여러 분야에서 활동하는 부홀렉 형제의 작품은 보석, 가구, 영상, 공간 배치, 건축 등 다양한 분야에 걸쳐 있다. 그뿐만 아니라 커리어를 시작한 이후로 파리의 갤러리 크레오Galerie kreo와 협력해 보다 실험적인 작품들을 개발해 오고 있다. 그들이 어떤 주제에 손을 대든 혁신적인 방식으로 해석될 것이라고 확신할 수 있다.

삼성을 위해 디자인한 스크린과 텔레비전 컬렉션인 세리프 TV(*세리프는 M, H 등의 글자에서 상하의 획에 붙인 가는 장식 선을 뜻한다)의 외관은 TV를 싫어하는 사람이라도 구매를 고려하게끔 설득한다. 원래 목표에 충실하게 이 프로젝트는 미학과 기술 양 측면에서 우리가 텔레비전에 기대하는 경계를 넓

혀 준다. 부홀렉 형제의 설명은 이렇다. "세리프는 울트라 평면 스크린과는 거리가 멀다. 대신 돌리고 조작할 수 있는 물건이다. 세리프는 어디에든 세울 수 있다. 다리가 있어 바닥에도 설 수 있다. 우리가 찾고있던 것은 하나의 물건이나 가구처럼 다양한 환경에 자연스럽게 놓일수 있는 단단한 존재감이었다." 세리프의 우아한 옆모습은 또렷한 대문자 'I' 모양이다. 그래서 세리프란 이름이 붙을 수 있었다. 윗부분은 책이나 소품을 놓을 수 있는 작은 선반 역할을 한다. 또 아래의 베이스를활용해 선반이나 가구 또는 바닥 등 어떤 곳에든 스크린을 마음대로놓을 수 있다. 사용자들은 인테리어에 맞게 세 가지 크기와 세 가지 색을 선택할 수 있다. 미니멀한 외관의 세리프 TV는 매우 간결하다. 부드러운 후방 커버는 자기 섬유로 만들어졌으며, TV의 모든 포트를 효과적으로 숨겨 준다. 또 케이블을 정리할 수 있는 별도의 주머니도 있다.부홀렉 형제는 아주 사소한 기능에도 주의를 기울였다. 세리프 TV의깨끗한 라인은 이 상품을 '갖고 싶은' 욕망의 대상으로 만들고, 일반적인 TV로서만이 아니라 하나의 장식으로 기능할 수 있도록 한다.

니카 주판크NIKA ZUPANC

만월 램프 Full Moon Lamp, 2013 / **세 런던**Sé London

류블랴나에서 활동하는 니카 주판크 같은 디자이너는 지구상에 유일하다. 그녀는 우리 시대의 젊은 슈퍼스타들 중 하나로, 그녀의 작품은 종종 '시時적'이라고 불린다. 주판크는 자신의 디자인을 "말을 할 수 없는 사물들과 소통하는 것"이라고 표현한다. 소파든 캐비닛이든 시계 또는 책상이든, 그녀의 모든 디자인은 여성적이면서도 기억을 떠올리게 한다. 또 다른 특징을 꼽자면 여러 작품에서 나타나는 섬세한 리본 모티프처럼 진정한 차이를 만들어 내는 '차이'에 대한 집중력이다. 주판크는 단순하면서도 표현력이 풍부한 형태로 자신만의 정교하고 독특한 스타일을 구현해 낸다. "나는 직관적이고 즉흥적이고 친밀한 것에 목소리를 줌으로써 합리적인 것, 이성적인 것, 공리적인 것에 도전한다." 이와 같은 콘셉트를 충족하기 위해 주판크는 기술과 소재를 철저하게 실험함으로써 자신의 작품을 더욱 매혹적이고 탐나는 것으로 만든다. 국제적인 제조업체들, 패션 브랜드들과의 협업이나 다양한 인테리어 프로젝트에 참여하는 이외에도 자신의 이름을 딴 브랜드의 이름으로 지속적으로 제품을 생산하고 있다.

니카 주판크는 2008년에 무이Moooi를 위해 개발한 롤리타Lolita 램프로 국제적인 명성을 얻었다. 이 램프도 무척 아름답지만 『좋은 디자인의 10가지 원칙』에서는 그보다 5년 뒤에 세 런던을 위해 디자인한 만월 램프를 소개한다. 만월 램프는 테이블에 놓는 것과 바닥에 놓는 것의 두 가지 버전이 있다. 모두 '우리의 밤의 세계에 빛을 던져 주기 위한 것'이다. 만월 램프는 달 모양을 본떴다. 머리 부분은 지구에서 보이는 달의 모습처럼 평평한 원형이다. 이 낭만적인 콘셉트는 춤추는 발레리나를 연상케 하는 우아한 실루엣으로 구현되어 있다. 램프의 베이스는 머리 부분의 평평한 램프를 축소한 형태다. 각도를 조절하는 부분과 스위치는 독립적으로 형태를 보완해 준다. 주판크는 단 몇 가지 요소만으로 감정을 환기하는 데 아주 능숙하다. 만월 램프는 우아할 뿐만 아니라 조명 면적이 넓기에 매우 효율적이라고 할 수 있다. 래커 칠한 알루미늄에 황동으로 마감했는데 검은색, 은색, 흰색, 녹색으로 나와 있다. 모든 측면이 램프의 미니멀한 특징을 보완한다. 바닥에서 사용하는 버전도 마찬가지다. 주판크는 형태에 대한 감각과 비례에 대한 감각이 모두 뛰어나다.

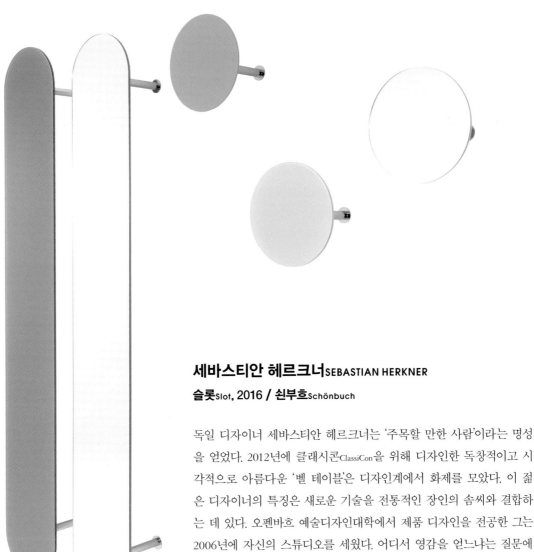

세바스티안 헤르크너SEBASTIAN HERKNER

슬롯Slot, 2016 / **쇤부흐**Schönbuch

독일 디자이너 세바스티안 헤르크너는 '주목할 만한 사람'이라는 명성
을 얻었다. 2012년에 클래시콘ClassiCon을 위해 디자인한 독창적이고 시
각적으로 아름다운 '벨 테이블'은 디자인계에서 화제를 모았다. 이 젊
은 디자이너의 특징은 새로운 기술을 전통적인 장인의 솜씨와 결합하
는 데 있다. 오펜바흐 예술디자인대학에서 제품 디자인을 전공한 그는
2006년에 자신의 스튜디오를 세웠다. 어디서 영감을 얻느냐는 질문에
는 이렇게 답했다. "기능, 재료, 디테일을 강조하는 내 작업에는 감성과
정체성이 존재한다. 나는 사회와 문화의 다양한 맥락에서 나오는 특징
들을 전달하고 해석한 다음, 그것들을 새로운 제품으로 구현한다. 이러
한 특징은 가장 일상적인 물건에 존경심과 개성을 부여한다. 이와 같은
방식으로 서로 대조적으로 보이는 것들이 존경을 경험할 수 있다." 헤
르크너는 자신의 목표들을 단순하고 순수한 형태, 깔끔한 디자인, 그
리고 세련된 재료를 통해 성취한다.

헤르크너의 포트폴리오에서 슬롯은 또 다른 창의적인 콘셉트다. 프
로젝트 어시스턴트와 함께 쇤부흐를 위해 아주 미니멀한 옷장 시스템
을 디자인했는데, 기하학적 형태의 순수성은 놀라울 정도다. 아이디어

의 실용성도 마찬가지다. 강철 스페이서 막대로 벽에 거는 길고 둥근 두 가지 종류의 패널은 매우 가볍지만 많은 옷을 걸 수 있다. 두 종류의 모듈은 사용자의 필요와 공간 상황에 맞게 개별적으로 설치할 수 있다. 긴 모듈이 (짧은 것에 비하여) 확실히 더 많이 가려 주지만 긴 모듈과 짧은 모듈의 상호 작용, 그리고 마감이 다른 짧은 모듈끼리의 상호 작용은 시각적인 흥미를 더한다. 다양한 종류의 무광 또는 유광 페인트 색깔로 나와 있는 전면 패널에는 유리를 장착할 수 있어 더욱 유용하다. 슬롯은 거울을 잠시 들여다보는 일이 다반사인 현관 옷걸이로도 사용하기에 손색이 없다. 또 공간 제약으로 기존 옷장을 설치하기 힘든 방(또는 비슷한 문제가 있는 호텔)에 완벽한 솔루션을 제공한다. 가볍고 우아한 슬롯은 어느 공간에서나 장식적이고 시각적으로 개별적인 요소가 될 수 있다. 기하학적 형태의 단순성은 세련된 마감과 호응을 이룬다. 공중에 걸려 있는 둥근 형태는 주변 환경과 잘 조화된다.

클라에손 코이비스토 루네CLAESSON KOIVISTO RUNE
비루Biru, 2017 / 스몰러 오브젝트Smaller Objects

스톡홀름에 기반을 둔 건축 회사 클라에손 코이비스토 루네는 모두 스웨덴 콘스트팍 예술대학 출신들인 마르텐 클라에손Mårten Claesson, 에로 코이비스토 Eero Koivisto, 올라 루네Ola Rune의 건축 파트너십으로, 1995년에 설립되었다. 그리고 지금까지 전 세계의 수많은 제조업체들과 다양한 영역에서 협업을 진행했다. 그들의 디자인은 식기류, 섬유, 조명, 전자제품, 가구, 건물, 사무실, 가게, 호텔 등에 걸쳐 있다. 또한 유수의 상들을 수차례 수상했다. 이들의 작품에서는 스칸디나비아적인 솜씨가 실용적 솔루션 및 혁신적인 형태와 만난다. 모든 프로젝트에 저마다 확연한 차이가 있지만 각 프로젝트에는 세 사람 고유의 스타일이 반영되어 있다. 클라에손 코이비스토 루네의 작품에서 기하학적 구조와 생생한 컬러는 작품의 크기와 관계없이 늘 중요한 역할을 한다. 이 스튜디오가 디자인한 제품들은 아늑한 느낌을 자아낼 수 있도록 둥글게 마무리되어 있다. 타일이나 카펫 중 일부는 모서리가 예리하지만 이를 보완하고자 시각적 이미지를 부드럽게 만들어 주는 패턴을 택한다. 그들의 여러 작품에서 단순함과 순수성은 핵심이라 칭할 만하다.

비루(일본어로 '맥주')는 기하학적 질서를 근거로 한 미니멀한 병따개다. 디

자이너들은 조화로운 형태를 얻기 위해서 슈퍼타원superellipse과 슈퍼원supercircle
을 결합시켰다. 목표는 손바닥에 완벽하게 들어가는 (직경 7센티미터 크기의)
단순한 형태 개발이었다. 비루는 기능에 충실하게 병을 쉽고 빠르게 딸 수 있
다. 비루의 균형 잡힌 형태는 기본 재료인 스테인리스 스틸 덕분에 더욱 강조
된다. 비루는 세 사람이 2015년에 설립한 스몰러 오브젝트 레이블을 위해 디
자인되었다. 스몰러 오브젝트는 양모, 도자기, 나무, 강철 등을 사용해 가정
에 유용한 가정용 제품을 광범위하게 디자인하는 데 초점을 맞춘다.

　세 디자이너는 이렇게 이야기한다. "프랑스 수학자 가브리엘 라메가 최초
로 슈퍼타원 공식을 정의했다. 그리고 덴마크 시인이자 과학자인 피트 하인
이 슈퍼타원의 실용적 쓰임새를 발견했다. 마지막으로 스웨덴 건축가이자 디
자이너 브루노 맛손Bruno Mathsson이 이를 다듬어 그 유명한 슈퍼타원 테이블
을 제작했다. 한데 잘 알려지지 않은 사실은 피트 하인이 건축가 다비드 헬덴
David Helldén과 협업해 스톡홀름 중앙 광장인 세르옐 광장의 원형 교차로를 슈
퍼타원, 더 정확히 말하면 슈퍼원을 이용해 디자인했다는 사실이다." 하인은
이렇게 덧붙였다. "직선을 사용한 물건들은 서로 잘 들어맞고 공간도 절약된
다. 우리는 곡선을 사용한 물건들 주변을 쉽게 돌아다닐 수 있다. 그러나 이것
이냐 아니면 저것이냐를 선택해야 하는 '구속복'을 입고 있다. 슈퍼타원은 이
러한 문제를 해결해 준다. 이것도 아니고 저것도 아니다. 그러나 결정적이다.
슈퍼타원에는 통일성이 있다."

레이어LAYER(벤자민 휴버트BENJAMIN HUBERT)
와해성 장치Disruptive devices, 2017 / 놀리nolii

전략적 산업 디자인 에이전시인 레이어는 영국 디자이너 벤자민 휴버트가 설립했다. 이들의 기조는 다음과 같다. "앱 디자인에서부터 차세대 웨어러블 기기, 가정용 스마트 기기, 일용 소비재, 지능형 가구 시스템에 이르기까지 레이어는 오늘과 내일의 요구를 충족하는 제품들을 만든다." 레이어의 황금률은 이렇다. 사용자의 경험을 삶의 방식으로 변화시키는 '사려 깊은 스토리텔링', 시각적 소음과 모든 불필요한 것들을 제거하기 위하여 핵심적인 것만 파악함으로써 얻는 '단순함', 일상을 효과적으로 향상시키는 능력이라는 의미의 '기능적 지능', 소재는 강력한 정서적 반응을 불러일으켜야 한다는 전제하에서 '의미 있는 소재', 그리고 제품은 환경에 대한 영향을 최소화하는 디자인이어야 한다는 전제하에서 '양심 있는 창조성'.

놀리는 휴버트가 기술 사업가 아사드 하미르와 공동으로 설립한 새로운 기술 브랜드다. 2017년에 만들어진 와해성 장치는 레이어 철학의 정수를 담았다. 이 매력적인 컬렉션은 기술적으로 앞서 나가는 사용자들을 염두에 두고 발명되었다. 레이어는 자신들이 만든 제품을 통해 일상생활을 보다 수월하게 만들기 위해 '사용자들이 힘들이지 않고도 연결 상태를 유지할 수 있게 하는' 다기능 제품 컬렉션을 개발했다. 우리 모두가 알고 있듯, 기술은 이론적으로만 우리의 라이프스타일을 향상시켜 줄 뿐이지 실제로 우리가 주기적으로 사용하는 많은 장치들은 끊임없이 배터리를 충전하거나 파일을 전송해야 하는 등의 복잡한 과정을 거쳐야만 한다. 레이어의 솔루션은 여러 사용자의 골칫거리들을 해결하고 우리가 랩톱, 모바일 장치, 태블릿 등과 부드럽게 공존할 수 있게 한다. "혼돈과도 같은 코드와 부서진 케이블부터 제한된 충전 방법에 이르기까지, 우리의 삶은 일상적인 기술이 해결해야 할 과제 때문에 자주 방해받는다." 휴버트의 설명이다. 그가 함께 쓸 수도, 따로 쓸 수도 있는 고성능 제품들을 개발할 수 있는 원동력은 통찰력 있는 연구에 있다. 충전 케이블, 액세서리용 후방 슬롯, 콤팩트 플러그, 이동형 충전기 등 우리가 필요로 하는 모든 기술 필수품은 단순하고 날렵한 수납장에 우아하게 숨어 있다. 와해성 장치는 오늘을 위해서만이 아니라 우리가 기술에 더욱 의존하게 될 내일을 위해서도 반드시 필요한 다목적 컬렉션이다. 와해성 장치는 외관이 순수하고 기능적으로도 완벽하다. 디자이너가 핵심적인 것만 포함시켰기 때문에 그 어떤 것도 불필요하지 않다. 그러면서도 필요한 전부를 갖추었다. 와해성 장치의 미니멀한 디자인은 거슬리는 구석이 전혀 없다. 휴대성도 좋다. 여러 색이 구비되어 있는 이 컬렉션의 개별 구성품들은 개별적으로 사용할 수도 있고 여러 개를 함께 사용해 흥미로운 조합을 만들 수도 있다.

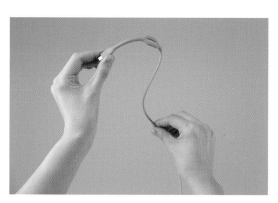

에드워드 바버EDWARD BARBER, 제이 오스거비JAY OSGERBY
피톤 스툴 Piton Stool, 2015 / 크놀Knoll

런던의 왕립예술학교에서 건축을 전공한 에드워드 바버와 제이 오스거비의
작업을 한마디로 정의한다면 '날카로운 선을 피하는 철학'이다. 두 사람의 작
업은 테이블 다리든, 옷걸이든, 소파 쿠션이든, 램프든 모두 모서리가 부드럽
고 형태가 완만하다. 이 제품들은 주변 환경을 보완해 주고, 유동적인 느낌이
있다. 바버와 오스거비가 만들어 내는 제품들은 형태는 미니멀하지만 동시
에 각 요소가 매우 인간적이고 조화롭다. 두 사람은 1996년에 스튜디오를 설
립했다. 그들의 설명에 따르면 초기 작업에는 '판재를 접고 형태를 만드는 작
업'이 포함되었다. "이 작업은 건축 모델 제작에서 흔히 사용했던 화이트 카드
의 영향을 받았다." 두 사람은 선택 소재가 나무든, 덮개든, 종이든 상관없이
그것을 시각적으로 모양을 갖춘 디자인으로 완성시킨다.

스툴은 실용적인 가구다. 하지만 보통은 디자인이 아주 독창적이지는 않
다. 그래서 사용자들도 특별히 주목할 필요가 없는 대상으로 여기기도 한다.

하지만 바버와 오스거비가 크놀을 위해 디자인한 피톤 스툴을 통해 우리는 이것이 잘못된 생각임을 알 수 있다. 피톤 스툴은 잘못된 고정관념에 대한 멋진 예외다. 두 디자이너는 유용하면서도 미적인 쾌감을 주는 우아하고 품위 있는 가구를 만들었다. 강력한 알루미늄 주철로 만들어진 피톤은 내구성 있는 분체 도료로 마감함으로써 야외에서 쓰기에도 좋다. 두 사람은 이렇게 말한다. "베이스의 기하학적이고 기초적인 프레임워크는 익숙한 삼각대 구조를 해석한 것이다. 삼각 다리는 시각적으로 두 개의 원에 갇혀 있다." 모든 구성요소는 균형이 잘 잡혀 있다. 원의 반복과 다리의 리듬감 있는 배치는 조화로운 활기를 불어넣는다. 스툴이 어떤 공간에든 멋진 개성을 부여하는 놀라운 구조물로 변신하는 것이다. 피톤은 시트 아래에 있는 나사 장치를 사용해 높이를 조절할 수 있어 사용이 손쉬우며, 가벼워서 옮기기도 편하다. 피톤 스툴은 여러 가지 생생한 색으로 출시되었다. 바버와 오스거비는 같은 시리즈에 속하는 사이드 테이블을 개발할 때도 동일한 콘셉트를 적용했다. 스케일만 더 커졌을 뿐이다.

마이클 베르이덴MICHAËL VERHEYDEN
귈링 크리스털 꽃병Gullring Crystal Vase

벨기에 디자이너 마이클 베르이덴은《뉴욕타임스》와의 인터뷰에서 다음과 같이 말했다. "나는 뉴에이지를 신봉하는 사람이 아니다. 그러나 불교에서 말하는 선禪적인 무엇을 추구하는 것은 사실이다." 그의 디자인은 순수한 형태라는 측면에서만이 아니라 대리석이나 유리처럼 작업 시에 그가 선택하는 소재 측면에서도 극도로 미니멀하다. 벨기에 헹크의 미디어 & 디자인 아카데미에서 산업 디자인을 공부하고 라프 시몬스Raf Simons에서 모델 및 디자인 작업을 경험한 베르이덴은 2002년에 자신의 스튜디오를 설립했다. 핸드백으로 시작했던 사업은 조금씩 작업 범위를 넓혀 나갔다. 그리고 디자이너는 아내인 사르티에 베레케Saartje Vereecke와 함께 가구 등 가정용 액세서리 디자인까지 시작했다. 베르이덴의 디자인에서 기하학은 중추적인 역할을 한다. 그가 조화롭고 세심하게 계획한 형태는 고전적이면서도 표현력이 풍부한 소재를 통해 구현된다. 이를 통해 각각의 제품은 풍부한 개성과 변함없는 아름다움을 얻는다.

귈링 크리스털 꽃병의 크리스털 부분과 청동 부분의 비율은 '악마는 디테일에 있다'는 서양 속담을 적용시킬 수 있다. (놀라운 형태적 순수성만이 아니라) 단단한 크리스털 꽃병의 길쭉한 몸통 맨 위에 있는 날렵한 원의 마무리마저 절묘하다. 마치 허공에 걸려 있는 듯한 느낌을 준다. 그의 다른 디자인에서와 마찬가지로 베르이덴은 최고의 소재들을 우아하고 상상력이 넘치는 방식으로 병치시켰다. 형태적 순수성은 표현력이 풍부한 반면 꽃병의 정직한 실루엣은 매력적이다. 이는 기본 형태에 대한 베르이덴의 미학과 상통한다. 그 결과 깨끗하고 시각적으로 강력한 디자인이 탄생했다. 귈링은 꽃다발이나 꽃한 송이에 모두 완벽하게 어울린다. 귈링에는 그것의 디자인에 걸맞은 우아하고 독특한 꽃이 어울릴 것이다. 그의 다른 제품들과 마찬가지로 마감, 조립, 포장 작업을 베르이덴의 스튜디오에서 수행했다.

베르이덴은 초기 모델은 직접 만들고 완성품은 전문 장인들과 협력하는 것으로 유명하다. 귈링 꽃병에는 변함없는 아름다움과 고전적인 우아함이 공존한다. 그래서 정교한 미니멀리즘을 가진 꽃꽂이를 부른다.

데이비드 멜러DAVID MELLOR
미니멀 커트러리Minimal Cutlery, 2003

왕실 산업 디자이너였던 데이비드 멜러는 장인적 기능(본래 은 세공사 교육을 받았다)과 디자인 작업을 결합하는 비범한 업적을 남겼다. (디자이너는 2009년에 사망했다.) 그는 콘셉트를 만드는 단계부터 제품을 고객에게 전달하는 단계까지 디자인의 전 단계를 감독하는 능력이 중요하다는 사실을 잘 알고 있었다. 멜러의 주요한 포부는 디자인 표준을 향상시키고 타인의 삶에 직접적인 영향을 미치는 데 있었다. 그리고 이 같은 목표를 자신의 활동 기간 내내 성공적으로 이루었다. 은으로 만든 견본품 제작으로부터 시작한 멜러는 점차 디자인의 스펙트럼을 넓혀 스테인리스 스틸과 은 재질의 다양한 식기류 제품으로 유명해졌다. 이 제품들은 그가 더비셔에 설립한 특수 목적 공장에서 수년간 제조되었다. 공장은 현재 아들이 운영하고 있으며, 계속해서 새로운 디자인을 선보이고 있다. 사실 멜러는 영국 정부의 의뢰를 받아 국가 신호 체계 정비 또는 (약간의 논란을 불렀던) 새로운 사각형 우체통 등과 같은 중요한 프로젝트를 여럿 수행했다. 장인으로서 멜러는 제품의 소재와 기술을 특별히 강조했다.

이 같은 접근은 2003년에 디자인한 미니멀 커트러리에서도 분명하게 드러난다. 미니멀 커트러리는 멜러가 작업한 가장 혁신적인 식기라는 평을 받았다. 테이블 세팅에는 나이프 하나, 포크 하나, 그리고 크기가 다른 스푼 세 개의 총 다섯 개 식기가 사용된다. 여기에 커다란 서빙 스푼 하나가 시리즈에 포함되어 있다. 미학적 순수성으로 호평을 받은 미니멀 커트러리는 현대적인 생활 도구로 개발되었다. 너무나 성공적인 디자인이라 일반 고객들에게만 인기 있던 게 아니라 영국 정부 구내 식당과 영국 국민보건서비스 병원에서도 대량으로 사용되었다. 최고 품질의 스테인리스 스틸과 새틴 느낌이 나는 질감 마감으로 제작된 이 세트는 광택 있는 표면과 광택 없는 표면 사이의 흥미로운 시각적 게임과 같다. 이와 같은 대비는 특히 형태가 단순해서 더욱 도드라진다. 이 세트의 모든 구성품의 형태는 매우 조형적이지만 그중에서도 가장 독창적인 것은 원피스 나이프(날과 손잡이가 일체형인 나이프)다. 혁신적이면서 아름다운 멜러의 미니멀 세트는 한 손에 잡힌다. 이 세트의 디자인은 미니멀한 형태와 풍부한 재료 사이를 오간다. 덕분에 일상적인 도구임에도 강력한 외관을 갖는다.

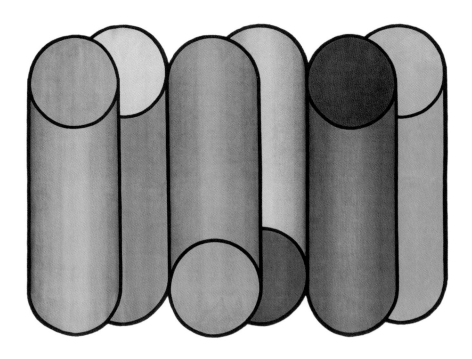

파트리시아 우르퀴올라PATRICIA URQUIOLA

로타지오니Rotazioni, 2017 / CC-**타피스**cc-tapis
비지오니Visioni, 2016 / CC-**타피스**

파트리시아 우르퀴올라는 수식이 필요 없는 디자이너다. 스페인에서 태어나 지금은 이탈리아 밀라노에서 활동하는 우르퀴올라는 독창적이고 미학적으로 아름다운 솔루션을 창조하는 데 특별한 재능이 있다. 수많은 인테리어 디자인을 의뢰받아 작업했으며 국제적인 제조 기업들을 위해 디자인 작업을 해 온 그녀는 2001년부터 자신의 스튜디오를 운영해 오고 있다. 카시나의 아트 디렉터로도 일하는 그녀는 디파도바DePadova의 신제품 개발 업무를 책임지고 있다. 과거에는 리소니 아소치아티의 디자인 그룹 수장으로서 비코 마지스트레티Vico Magistretti와도 협업했다. 그녀의 콘셉트는 제품이든 인테리어 디자인이든 언제나 신선하고 매력적이며 동시대의 정신을 표현한다.

"나는 언제나 나의 멘토 중 한 명인 아킬레 카스티글리오니를 기억한다. 그는 산업 디자인에는 아이디어, 환상, 콘셉트가 있어야 한다고 늘 강조했다. 그것은 일종의 '잼' 같은 존재다. 디자인 브리프의 제약은 '빵'과 같다. 아이디어에 필요한 구조를 발견하기 위해서는 두 가지가 모두 필요하다." 확실히 그녀가 만들어 내는 놀라운 디자인은 두 가지가 전부 들어 있다.

우르퀴올라의 투피스 그래픽 러그 컬렉션은 기하학이 지배한다. 비지오니 (233p)는 서로 다른 모양의 직사각형들을 결합하는 반면에 로타지오니(232p)는 반복적인 원통 모양을 보여 준다. 두 가지 구성 모두 유연하고 활력이 넘친다. 대조를 이루는 파스텔 색들은 또렷한 검은색 윤곽선으로 구분된다. 덕분에 완벽하게 평평한 표면임에도 흐르는 듯한 느낌이다. 그뿐만 아니라 러그에 있는 원통과 직사각형의 추상적 문양들은, 러그를 바닥에 놓든 벽에 걸든 관계없이, 착시 효과(평면이 입체로 보이도록 하는 미술 기법인 트롱프뢰유trompe-l'œil에 가까운 효과)를 이용해 인테리어에 기묘한 원근감을 선사한다. 여기서는 광학적 착시와 기본적인 기하학적 형태의 반복이 만들어 내는 단순하면서도 상상력을 자극하는 상호 작용에 의한 과감한 디자인이 구현된다. 두 개의 러그는 cc-타피스를 위해 디자인되었다. 현대적 디자인과 최고 수준 장인의 솜씨의 완벽한 결합이다. cc-타피스는 프랑스에서 설립되었으나 2011년에 밀라노로 이전했다. 전통적 기법에 대한 새로운 접근을 통해 러그 디자인에 혁신을 가져온 것으로 유명하다. cc-타피스의 현대적인 수공예 러그는 세계적인 명성의 디자이너들이 디자인하고 고대의 기술과 소재(최고로 부드러운 히말라야 양모)에의 깊은 존중을 가진 티베트 출신 장인들이 네팔에서 만든다.

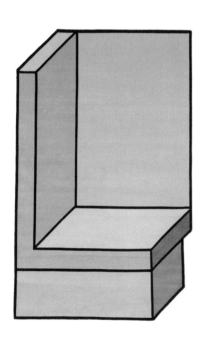
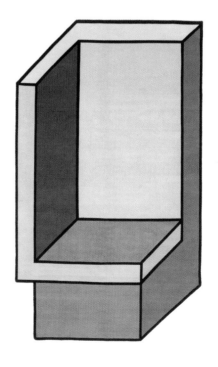

디터 람스와 좋은 디자인

_김신(전 《디자인》 편집장)

21세기 초반에 '디터 람스'라는 이름이 다시 한 번 호명되고, 전 세계 디자이너들의 주목을 받기 시작했다. 그의 전시회가 전 세계를 돌며 개최되었고, 2018년에는 다큐멘터리 영화《디터 람스》가 개봉되기도 했다. 람스는 1995년에 브라운 사에서 은퇴했다. 가구와 조명, 주방 기기 등을 다루는 라이프스타일 분야의 디자이너들은 나이 드는 것과 관계없이 끊임없이 제품을 디자인하고 유명 브랜드와 협업하면서 대중의 시선에서 멀리 벗어나지 않는다. 필립 스탁, 론 아라드Ron Arad, 재스퍼 모리슨 등이 그런 류의, 이른바 '스타 디자이너'다. 디터 람스도 비초의 가구를 몇 점 디자인하긴 했다. 그럼에도 그는 여전히 익명으로 작업하는 다소 딱딱하고 공식적인 느낌의 '산업 디자이너'라는 명칭이 훨씬 더 어울린다. 기본적으로 산업 디자이너는 잘 알려지지 않는다. 그런 람스가 어떻게 21세기에 다시 한 번 전 세계의 주목을 끌게 되었을까?

2008년, 일본 산토리 미술관에서《적게 그리고 많이Less and More》라는 제목의 전시회를 시작으로 디터 람스의 이름이 확고하게 각인되기 시작했다. 대중은 몰라도 디자이너들에게는 확실히. 한국에서도 2010년 대림 미술관에서 같은 제목의 전시회가 개최되었다. 당시 나는 월간《디자인》편집장으로서 이 전시회를 취재하고 기사를 만들었다. 전시회는 이른바 대박을 터뜨렸다. 《디자인》은 매년 디자이너들을 대상으로 설문 조사를 하는데, 질문 가운데 하나는 "당신이 가장 존경하는 디자이너는 누구인가?"다. 대림 미술관에서《적게 그리고 많이》전이 열리기 전까지 디터 람스는 한 번도 10위 안에 든 적이 없었다. 하지만 전시회가 개최된 뒤 그는 곧바로 1위가 되었다. 갑작스러운 인기에는 애플 사의 수석 디자이너였던 조너선 아이브의 영향도 크다. 그가 애플에서 디자인한 수많은 제품이 디터 람스로부터 영감받았다는 사실이 널리 알려졌기 때문이다. 아이폰을 비롯해 아이브가 디자인한 제품들은 21세기의 모든 디자인 분야에 큰 영향을 미쳤다. 그런데 그 원조가 디터 람스라니 게임 끝이다.

그것만으로 디터 람스 현상을 설명하기에는 조금 부족하다. 또 하나가 있다. 바로 '디자인 10계명'이다. 디터 람스 전시회가 흥행한 이유 중에는 이 10계명이 한몫했을 가능성이 크다. 람스의 10계명은 사람들의 이목을 끌 만하다. "디자인 10계명, 그게 도대체 뭐야? 나도 한번 보고 싶다." 이와 같은 호기심이 들지 않을 수 없는 매혹적인 언어다. 기사로 쓰기에도 훌륭하다. 모세의 10계명처럼 디자이너라면, 반드시 지켜야 할 어떤 숭고한 원칙이 있을 것처럼 보이기 때문이다. 게다가 그 10계명은 매우 간결하고 함축적이며 감동적이기까지 하다. 전시회, 조너선 아이브의 애플, 그리고 간명한 디자인 10계명. 이것으로 람스 현상이 납득되었을까? 정말 마지막 하나가 더 있다. 이제 그것을 이야기해 보자.

독일, 그리고 제2차 세계대전 전후

디터 람스는 1932년에 태어났다. 이 시대에 태어난 독일인들은 독특한 역사적 소명을 받은 세대에 속한다. (『양철북』을 쓴 귄터 그라스 같은 작가가 이 세대에 속한다.) 제2차 세계대전이 터지기 전인 1920년대에 바이마르 공화국에서는 바우하우스 같은 진보적인 학교의 노력으로 모더니즘이 활짝 꽃피웠다. 하지만 1929년에 시작된 경제 대공황의 여파로 유럽 각국에서 파시즘이 득세하면서 모던 디자인 운동은 좌초하고 만다. 히틀러의 나치당이 집권함으로써 독일의 모더니즘 운동은 전쟁이 끝날 때까지 소멸되었다. 전후 독일은 과거 전범 국가의 면모를 쇄신하고 민주 국가로 거듭나고자 전 사회가 각고의 노력을 기울였다. 그런 노력의 일환으로 1953년에 울름 조형대학이 설립되었다. 이 학교는 포스트 바우하우스로서 독일에서 전후 모더니즘 디자인의 부활을 이끌었다.

디터 람스는 나치당이 집권당이 되던 해에 태어나, 유년과 청소년 시절을 파시즘 국가에서 보냈다. 또 전후 민주주의에 대한 열망으로 가득한 시기에 청년 시절을 보냈다. 1947년에 비스바덴 예술학교에 입학했는데,

이곳을 '작은 바우하우스'라고 불렀다. 바우하우스가 공동체와 민주주의를 지향한 것처럼 비스바덴 예술학교도 공동체 지향적이었고, 독일의 끔찍한 과거를 반성하고 새로운 사회를 위해 디자인이 무엇을 할 수 있는지 고민했다. 이러한 사회적 분위기는 분명 젊은 디터 람스에게도 큰 영향을 미쳤을 것이다. 민주주의의 회복은 자연스럽게 모더니즘 디자인에 다시 기회를 주었다. 바우하우스의 모더니즘은 기본적으로 사회적인 개념을 갖는다. 더 많은 사람들에게 더 좋은 디자인을 보급하겠다는 태도다. 자연스럽게 특혜층을 위한 화려하고 고급스럽고 특별한 디자인보다는 순수 형태를 기본으로 한 간결하고 평범한 디자인을 낳는다. 파시스트들은 이러한 디자인이 민족성이 결여된 보편적인 디자인이라는 이유로 핍박했다. 패전으로 파시즘이 물러나자 독일에서는 다시 보편성을 지향하는 디자인이 득세할 기회를 잡았다. 울름 조형대학을 졸업한 디자이너들이 이런 흐름을 이끈 주역이 된다. 대표적인 인물이 한스 구겔로트 Hans Gugelot다.

대학을 졸업한 디터 람스는 1953년부터 건축 회사에 입사해 사회에 첫발을 내디뎠다. 그리고 1955년에 가전제품을 생산하는 브라운 사로 옮겨 한스 구겔로트를 처음 만난다. 구겔로트는 울름 조형대학에 입학하기 전부터 건축가 막스 빌Max Bill의 사무실에서 근무하면서 모더니즘 디자인과 국제주의 스타일을 몸에 익혔다. 빌은 바우하우스를 졸업하고 울름 조형대학의 초대 교장이 된 건축가이자 다방면에서 활동한 디자이너다. 그는 전후 모더니즘과 국제주의 스타일을 정립했다. 디터 람스는 이러한 건축가, 디자이너들과 인연을 맺은 것이다. 이는 전후 독일이 복원하고자 했던 민주주의의 역사적인 흐름이 만들어 낸 결과다. 디터 람스의 디자인을 이해하려면 역사적 흐름을 반드시 읽어야 한다. 람스가 그토록 기능주의와 합리주의를 외치고, 불필요한 시선 끌기를 미워하는 데는 이런 배경이 있다.

한스 구겔로트는 1920년생으로 람스보다 열두 살이 많다. 브라운의 사내 디자이너로 입사한 것이 아니라 자신의 스튜디오를 운영하면서 브라운과 협업했다. 구겔로트는 1930년대부터 유행하기 시작한 미국의 유선형 스타일을 비판했는데, 기능과는 무관하게 제품의 독특한 외관만으로 소비자의 눈길 끌기를 목적으로 태어났기 때문이다. 한마디로 불필요한 스타일링으로 소비를 자극하기만 할 뿐이라는 이유다. 그는 감각적인 스타일링 대신 '좋은 형태gute form'를 지향했다. 전후 독일에서는 절제된 형태와 색채, 실용성을 우선시하는 구테 폼 개념이 독일 재건의 열망과 함께 널리 퍼졌다. 독일에서는 디자인 대신 '폼form'이라는 단어를 종종 쓴다. 그러니 구테 폼은 영어의 굿 디자인good design과 통한다. 구테 폼과 굿 디자인은 전후 독일과 미국에서 동시에 전개된 모더니즘 운동의 의미를 이해하는 핵심 개념이다.

전후 미국에서도 스타일링에 대해 비판적인 태도가 생겨난다. 모더니즘을 숭상하는 뉴욕 현대미술관에서부터다. 전쟁이 끝난 뒤 뉴욕 현대미술관 디자인 부문 디렉터가 된 에드가 카우프만 주니어Edgar Kaufmann Jr.는 가장 미국적인 디자인인 유선형 스타일을 '보락스borax', 즉 '싸구려'라고 신랄하게 비판했다. 스타일링은 굳이 필요 없는 물건을 소비하도록 만드는 게 목표다. 소비자보다는 기업에게 이득이다. 이미 갖고 있는 제품, 그것도 멀쩡히 작동하는 물건을 버리고 '새로운' 물건을 사도록 하려면 어떻게 해야 할까? 바로 '유행'을 만들어 내는 것이다. 카우프만 주니어는 소비주의 디자인에 대한 경쟁 무기로서 '굿 디자인'이라는 개념을 내놓는다. 그는 1950년부터 굿 디자인 전시회를 개최했는데, 굿 디자인은 실용적 기능에 맞도록 장식성이 없이 순수하고 절제된 형태, 적합한 재료, 합리적인 가격 등을 지향한다. 기능주의와 합리주의로 귀결된다는 점에서 독일의 구테 폼과 같은 맥락에 있다. 디터 람스가 '새로운' 것이 아니라 '더 나은' 것을 그토록 강조하는 배경은 전후 독일과 미국에서 전개된 모던 디자인 운동을 체화했기 때문이다.

브라운과 포노 슈퍼 SK4

전후의 민주주의에 대한 열망은 제품을 생산하는 사업가에게도 영향을 준 듯하다. 가전제품 회사인 브라운의 경영자인 에르빈, 아르투어 브라운 형제는 기존의 가식적인 가전제품 디자인에 염증을 느꼈고, 이를 혁파해 줄 디자인 자문으로 두 사람을 초청한다. 한 사람은 그래픽 디자이너 오틀 아이허Otl Aicher다. 그는 울름 조형대학을 설립한 잉에 숄의 남편이자 이 대학의 교수였고 또한 전후 국제주의 스타일을 이끈 인물이다. 다른 한 사람은 한스 구겔로트다. 이들의 참여는 곧바로 디자인의 혁신을 낳았다.

브라운에 입사한 디터 람스는 합리주의자 한스 구겔로트와 함께 1956년, 역사적인 제품 하나를 내놓는다. 포노 슈퍼 SK4다. 이 제품은 오디오 기기의 혁신을 주도했다. 당시까지만 해도 라디오를 비롯해 대부분의 오디오 기기는 가구처럼 디자인했다. TV도 가구처럼 디자인하던 구태의연한 시절이었다. 제조업자들은 낯선 개념의 물건을 디자인할 때 안전한 방향을 모색한다. 그 결과 라디오나 TV 같은 전자제품의 초기 디자인은 늘 실내의 가구와 어울리도록 가구처럼 디자인되었다. 하지만 SK4는 음향 기계가 가진 기능 구현, 오로지 그것에만 천착해서 디자인되었다. 그리하여 대개 나무나 무늬목 합판, 또는 나무 느낌이 나는 플라스틱 재료를 썼던 기존의 음향 기기와 달리 SK4의 외관은 밝은 베이지색 금속이다. 전면부에 조작 버튼이 있는 기존의 기계들과 달리 위쪽으로 그것을 옮기고 대신 소리가 나오는 질서 정연한 줄무늬 구멍을 뚫었다. 턴테이블과 조작 버튼 역시 최소한의 디자인으로, 대단히 간결하다. 그 결과 아주 절제된 디자인이 탄생했다. 기능주의의 실현을 도덕적인 선으로까지 본 바우하우스의 전통이 전후에 다시 부활했다고 볼 수 있다.

바우하우스는 1920년대에 제품의 이름을 기호로 표기했다. 예를 들어 마르셀 브로이어Marcel Breuer가 디자인한 의자는 B3, B33… 이런 식이다. 이름으로 뭔가 허세를 부렸던 과거의 제품들과 단호히 단절하려는 의도가 있다. 전후의 음향 기기들도 그런 허세가 있었다. 하지만 브라운은 바우하우스의 전통을 따라 SK4처럼 건조한 기호로 이름을 붙였다. 사실 무미건조한 이름은 최소한의 색채와 최소한의 형태를 추구하는 브라운의 디자인과도 잘 어울린다.

이 제품이 나온 뒤 브라운은 라디오, 레코드플레이어, 스피커 등 각종 음향 기기와 텔레비전을 내놓았는데, 모든 디자인은 SK4의 형식 언어를 지속했다. 이로써 브라운은 제품 디자인을 통해 강력한 아이덴티티를 구축했다. 또한 브라운의 디자인은 전후 모더니즘 디자인을 정립한 브랜드로서 큰 역할을 했다. 이 시기에 중요한 인적 변화가 있었다. 1965년에 한스 구겔로트가 마흔다섯 살의 이른 나이로 사망했다. 구겔로트 사망 몇 해 전인 1961년에 디터 람스가 브라운의 수석 디자이너가 되면서 브라운의 디자인을 이끄는 리더가 된다. 이때 그의 나이는 고작 스물아홉이었다. 브라운의 성공과 함께 람스는 1960년대의 스타 디자이너가 되었다. 하지만 그에게는 '스타'라는 말이 잘 어울리지 않는다. 왜냐하면 언제나 냉철함과 합리성을 강조하는 엄격한 모던 디자이너이기 때문이다. 그는 도덕적인 의무감을 늘 염두에 두는 디자이너였다. 그렇지 않고서야 어떻게 '디자인 10계명' 같은 걸 만들 생각을 했겠는가.

디자인 6계명

디자인 10계명은 오랜 세월에 걸쳐 수정·보완되었다. 처음으로 발표된 것은 1975년이었고, 그때는 10개가 아니라 6개의 원칙이었다. 이는 다음과 같다.

1. 우리에게 기능이란 모든 디자인의 출발점이자 목표다.
2. 디자인 경험은 곧 사람과의 경험이다.
3. 질서만이 우리의 디자인을 유용하게 만든다.
4. 우리는 모든 개별적인 요소를 적절한 비율로 디자인에 녹여 내고자 한다.
5. 우리에게 좋은 디자인이란 가능한 한 적은 디자인을 의미한다.
6. 우리의 디자인은 혁신적이다. 사람의 행동 패턴이 변화하기 때문이다.
(『디터 람스: 디자이너들의 디자이너』[엮은이: 시즈 드 종, 번역: 송혜진]에서 발췌)

이 여섯 가지 디자인 원칙을 분석하면 크게 '기능', '아름다움', '변화'를 이야기하고 있음을 알 수 있다. 1번과 2번은 디자인의 목적에 관한 것이다. 디자인은 인간의 경험을 위해 유용한 사물을 만드는 일이므로, 무엇보다 기능에 충실해야 한다. 여기에 그의 기능주의에 대한 도덕적 신념을 읽을 수 있다. 3번과 4번과 5번은 기능주의를 구체화할 때 아름답게 해야 한다는 것을 강조한다. 여기서의 아름다움이란 화려하거나 장식적인 것이 아니라, 간결하고 최소화한 것이다. 마지막으로 디자인은 변화할 수밖에 없는데, 그러한 변화는 사람의 행동을 배려해야 한다. 람스는 사람에 맞는 변화를 혁신이라고 했다. 단지 혁신적이라고 말하지 않고, 사람의 행동을 기준으로 삼았음을 유념할 필요가 있다. 정리하면 변화를 위한 변화, 제품을 더 많이 팔기 위한 이유로 외관을 새롭게 하는 일을 경계한 것으로 보인다.

1984년에 6개 원칙을 좀 더 간결하게, 선언적으로 다듬었다.

1. 좋은 디자인은 혁신적이다.
2. 좋은 디자인은 제품을 유용하게 한다.
3. 좋은 디자인은 아름답다.
4. 좋은 디자인은 제품을 이해하기 쉽게 한다.

5. 좋은 디자인은 불필요한 관심을 끌지 않는다.
6. 좋은 디자인은 정직하다.

여기에서는 1번에서 혁신을 강조했다. 이는 그다음에 나오는 세부 원칙들을 전부 포괄한다고 볼 수 있다. 2번은 기능, 3번은 아름다움을 이야기한다. 4번은 새롭게 추가되었다고도 볼 수 있다. 기능성에는 두 가지가 있다. 하나는 말 그대로 제대로 작동되게 하는 기능이다. 의자는 앉기 편해야 하고, 이동하는 의자는 가볍고 쌓을 수 있어야 한다는 식이다. 하지만 의사소통의 관점에서 보면 또 하나의 기능이 있다. 사람들이 의자의 형태를 보고 의자인지를 쉽게 알아야 한다는 것이다. 음향 기기의 경우 조작 버튼이 많을 수밖에 없다. 그렇다면 인터페이스가 직관적으로 와닿아야 한다. 어떤 디자이너들은 사물의 기능이 무엇인지, 어떻게 조작해야 하는지를 모호하게 디자인하기를 좋아한다. 디터 람스는 그것을 경계했다. 그런 점에서 늘 진지하고 엄격하다.

다섯 번째 원칙으로 '불필요한 관심을 끌지 않는다'가 새로이 들어왔고, '우리에게 좋은 디자인이란 가능한 한 적은 디자인을 의미한다'가 사라졌다. 아마도 불필요한 관심을 끌지 않는 것이 적은 디자인을 의미한다고 본 듯하다. 바우하우스의 마지막 교장이었던 미스 반 데어 로에는 "적을수록 많다Less Is More"라는 유명한 모더니즘 디자인의 경구를 남겼다. 그는 대단히 질서 정연하면서도 단순하기 그지없는 고층 빌딩으로 유명하다. 람스는 최소한으로 디자인하는 것은 쓸데없는 장식성을 배제한 것이라고 보았다. 장식은 대개 계급이나 민족성, 성별, 나이, 시대, 지역 같은 경계를 표현하는 상징적인 목적을 갖는다. 그런데 디터 람스는 이것을 좋아하지 않았다. 불필요한 관심을 끌지 않는 것은 소비자에게 시각적인 아첨을 하지 않는 것이고, 그러한 디자인은 결과적으로 '정직한' 것이다.

디자인 10계명
1985년, 드디어 디터 람스의 10계명이 완성되었다.

1. 좋은 디자인은 혁신적이다.
2. 좋은 디자인은 제품을 쓸모 있게 만든다.
3. 좋은 디자인은 아름답다.

4. 좋은 디자인은 제품을 쉽게 이해할 수 있다.

5. 좋은 디자인은 지나치게 화려하지 않다.

6. 좋은 디자인은 정직하다.

7. 좋은 디자인은 오래간다.

8. 좋은 디자인은 마지막 디테일까지 빈틈없다.

9. 좋은 디자인은 친환경적이다.

10. 좋은 디자인은 최소한의 디자인이다.

1984년에 발표한 6개의 원칙에서 추가된 것은 7번부터 10번까지다. 이 가운데 7번과 9번은 환경 이슈에 대한 높아 가는 관심을 드러낸 것으로 보인다. 1980년대 들어 유럽의 미디어들에서 '그린'이라는 단어가 폭발적으로 많아졌다. 1961년에 출간된 레이첼 카슨의 『침묵의 봄』은 환경과 생태학에 대한 관심을 촉발시켰다. 정치권과 대중은 이제 산업 발전이 가져오는 환경 파괴에 눈뜨기 시작했다. 디자이너 중에서는 빅터 파파넥이 1971년에 『진짜 세계를 위한 디자인Design for the Real World』(한국에서는 『인간을 위한 디자인』으로 출간되었다)을 출간하며 오직 기업의 성장만을 위해 소비주의 디자인을 추구하는 광고와 디자인을 맹렬하게 비판했다. 그렇게 환경, 생태, 그린, 지구 등의 키워드가 폭발한 1980년대를 맞이했다.

7번째 계명 '좋은 디자인은 오래간다'는 시대정신을 읽었다고 볼 수 있다. 기능주의에 대한 람스의 도덕적 신념은 환경으로 넓어졌다. 그는 처음부터 소비주의 디자인에 부정적이었다. 불필요한 관심을 끄는 것은 멀쩡한 제품을 버리도록 만드는 소비주의 디자인의 산물이다. 하지만 소비주의 디자인이 환경에 미치는 악영향을 더욱 강조하고자 7번째 계명을 추가한 것으로 보인다. 어떤 디자인이 오래간다는 것은 유행을 따르지 않는다는 말이다. 유행을 따르지 않음으로써 디자인이 외관의 매력만으로 사람의 욕망을 부추긴다는 비난으로부터 벗어나고자 한 게 아닐까.

여기에 9번의 '좋은 디자인은 친환경적이다'를 추가한 데는 나름의 이유가 있다. 오래간다는 것만으로는 부족하다. 다시 말해 환경을 배려해서 오래가는 디자인을 한 것이라기보다 유행을 따르지 않는, 특정 기능을 하는 사물의 본질적인 형태를 추구한다는 메시지에 그칠 수도 있기 때문이다. 좀 더 확실하게, 노골적으로 '환경을 생각하는' 디자인을 추가한 것이다.

8번의 '좋은 디자인은 마지막 디테일까지 빈틈없다'는 디자인 제작 과정을 언급한 것이다. 단순한 디자인을 한다는 것은 복잡한 디자인을 하는 것보다 훨씬 구현하기 힘들다. 단순한 디자인에서는 잘못된 선, 잘못된 비례, 잘못된 구성이 훨씬 금방 눈에 띄기 때문이다. 예를 들어 조작 버튼들의 크기와 간격, 위치가 간결한 표면에서는 더욱 치밀하게 완벽을 기해야 어색하지 않다. 8번은 아마도 디자인을 하는 과정에서 스스로 경험했던 치열한 고민을 이야기한 것으로 짐작된다. 실무 디자이너들만이 느낄 수 있는 부분인 것이다. 작가가 단어 하나 때문에 퇴고를 거듭하는 과정과도 다르지 않다. 프로 디자이너로서 일에 임하는 자세를 강조한다. 디터 람스는 어린 시절 할아버지로부터 물건의 표면을 마무리하는 일을 배웠다. 그 경험으로부터 그는 철저한 마무리에 상당히 경도된 디자이너가 되었다. 이런 태도는 디자인은 반짝이는 아이디어라는 생각을 경계하도록 만든다. 그에게 디자인은 '영감', '아이디어' 같은 달콤하고 낭만적인 단어로 표현되기보다는 처절한 '노동'에 가까운 개념이다.

그리고 다시 '좋은 디자인은 최소한의 디자인이다'라는 원칙이 추가되었다. '혁신한다'는 말과 '최소한의 디자인이다'는 말은 가운데 8개 계명을 처음과 마지막에서 포괄해 주는 의미가 있어 보인다. 기능적으로 디자인하고 아름답게 하고 환경을 생각하면서 동시에 시대 변화에 맞게 디자인하는 것이 혁신이다. 최소한으로 디자인하다 보면 기능과 아름다움, 환경을 모두 배려하게 되고, 반면에 쓸데없는 눈요깃거리로 욕망을 부추기는 소비주의 디자인으로부터 보호받을 수 있다.

적게, 그러나 더 낫게

마지막으로 디터 람스의 디자인 철학을 한마디로 대변하는 "적게, 그러나 더 낫게Less, but Better"라는 말의 의미를 분석해 보자. 미스 반 데어 로에의 "적을수록 많다"를 응용한 말이다. 포스트모더니즘 건축가인 로버트 벤투리Robert Venturi는 이미 미스의 유명한 말을 살짝 바꾼 "적을수록 지루하다Less Is Bore"나 "적을수록 적다Less Is Less"라는 말로 건축가와 디자이너들의 이목을 끈 바 있다. 람스 역시도 미스의 명제를 이용해 자신의 디자인 철학을 함축적으로 표현했다.

미스의 "적을수록 많다"는 형식주의에 그친다. 간결하게 디자인된 형태가 우수하다는 단순한 의미만 담는다. 미학적인 영역에서 그치고 만다. 디터 람스는 여기에 '더 낫게better'라는 단어를 추가함으로써 사회적 가치를 부여했다. 디자인을 통해 도덕적인 신념을 구현하려고 했던 디자이너의 삶의 태도가 반영되었다고 볼 수 있다.

'더 낫게'라는 말은 '새롭게'라는 말의 달콤함을 경계하는 의미도 갖는다. 디터 람스는 혁신을 주장하지만, 이미 언급한 대로 이는 새로움, 변화를 위한 변화만을 뜻하지 않는다. 단지 작년과 다르게, 지난 모델과 다르게 하기 위해 새로운 외관을 입히고 새로운 컬러를 부여하는 일은 소비주의를 촉진하려는 의도밖에 없다. 사람들이 숭상하는 새로움의 가치는 의미 없는 외관의 변화일 가능성이 높다. 새롭다는 것만으로도 사람들은 기뻐하고 지갑을 연다. '신상'에 열광하는 것이다. 이것이 낳는 결과는 기업의 이익, 그것을 대가로 치르는 환경의 파괴다. 그래서 새로우려면 단서를 붙인다. 이전 것보다 인간의 경험을 위해, 더 나아가 생태계를 위해 무엇이 더 나아졌는지 묻는다. 게리 허스트윗 감독의 영화《디터 람스》에서 람스는 미래 자동차 디자인에 대한 질문을 받고 이렇게 답한다.

"우리는 더 빠른 게 필요치 않아요. 우리는 더 현명하고 더 나은 것이 필요합니다. (중략) 미디어에서조차도 디자인을 점점 아름답게 만드는 일이라고 말하고 있기 때문에 저는 '미화'라는 용어가 싫습니다. 우리는 절대로 아름다운 것만을 만들려고 하지 않기 때문이죠. 우리는 더 나은 것을 만들려고 하고, 이것은 제가 항상 하려고 하는 것입니다. 우리에게 필요한 것은 이것이죠."

21세기에 들어와 전 세계는 다시 한 번 큰 위기를 맞이하고 있다. 코로나19 바이러스와 같은 전염병의 대유행이다. 역시 기후 위기의 일환이다. 정말로 소비가 아니라 생태를 위한 디자인이 어느 때보다 요구되는 시점에 이르렀다. 이러한 시대 변화가 다시금 디터 람스를 호출하는 이유가 아닐까 싶다.

감프라테시 gamfratesi.com

구프람 gufram.it

글로스터 퍼니처 gloster.com

기욤 델비뉴 guillaumedelvigne.com

나탈리 뒤 파스키에 nathaliedupasquier.com

네리 & 후 neriandhu.com

네이티브 유니언 nativeunion.com

넨도 nendo.jp

노멀 스튜디오 normalstudio.fr

노에 뒤쇼푸-로랑 noeduchaufourlawrance.com

놀리 wearenolii.com

놈 아키텍츠 normcph.com

누드 글라스 nudeglass.com

누키 nuki.io

뉴 텐던시 newtendency.com

니카 주판크 nikazupanc.com

니케토 스튜디오 nichettostudio.com

다다오 안도 tadao-ando.com

데이비드 아자예 adjaye.com

데이비드 멜러 davidmellordesign.com

데이비스 davisfurniture.com

데켐 스튜디오 dechemstudio.com

도시 레비언 doshilevien.com

도트 Dote.co

라라 보힝크 bohincstudio.com

라미 lamy.com

라이언 마리오 야신 ryanmarioyasin.com

러버밴드 rubberbandproducts.com

레나 살레 lenasaleh.com

로낭 & 에르완 부홀렉 bouroullec.com

로빈 헤더 aberja.net

로저 뱅셀 rogervancells.com

리네 로제 ligne-roset.com

마르소토 에디지오니 edizioni.marsotto.com

마르얀 판 아우벨 marjanvanaubel.com

마르크 베노 marc-venot.com

마스터 & 다이내믹 masterdynamic.com

마이클 베르이덴 michaelverheyden.be

마이클 소더 michaelsodeau.com

마탈리 크라세 matalicrasset.com

마틴 에릭슨 martinericsson.se

마피아 백 mafiabags.com

메뉴 menu.as

모니카 푀르스테르 monicaforster.se

무토 muuto.com

믈라덴 호이즈, 애드햄 바드르 blloc.com

미니멀룩스 minimalux.com

바워 스튜디오 bower-studios.com

베니니 venini.com

베른하르트 & 벨라 bernhardt-vella.com

베스트레 vestre.com

벤자민 휴버트 layerdesign.com

보블 waterbobble.com

보사 bosatrade.com

봄마 bomma.cz

브라이언 시로니 briansironi.it

블로 스테이션 blastation.com

블록 blloc.com

비트라 vitra.com

비트만 wittmann.at

쁘띠쁠리 petitpli.com

삼성 samsung.com

세 런던 se-collections.com

세바스티안 헤르크너 sebastianherkner.com

세실리에 만즈 ceciliemanz.com

소브라펜시에로 디자인 스튜디오 sovrappensiero.com

소우 후지모토 sou-fujimoto.net

쇤부흐 schoenbuch.com

쉐인 슈넥 officefordesign.se

슈퍼 로컬 super-local.com

스마린 smarin.net

스몰러 오브젝트 smallerobjects.com

스테판 디에즈 diezoffice.com

스튜디오 오리진 orijeen.com

스홀텐 & 바잉스 scholtenbaijings.com

시부이 shibui.ch

심플휴먼 simplehuman.com

아디다스 Adidas.com

아르플렉스 arflex.it

아릭 레비 ariklevy.fr

아틀리에 멘디니 ateliermendini.it

아틀리에 스와로브스키 홈 atelierswarovski.com/home-decor

악소르 axor-design.com

안데르센 & 볼 anderssen-voll.com

안토니오루피 antoniolupi.it
알도 바커 aldobakker.com
앙투안 레쥐르 antoinelesur.com
애덤 새비지 adamsavage.com
앤 보이센 anneboysen.dk
앨리어스 alias.design
에드워드 바버, 제이 오스커비 barberosgerby.com
에디션즈 밀라노 editionsmilano.com
에르메스 hermes.com
에릭 요르겐슨 erik-joergensen.com
에반젤로스 바실리오우 evangelosvasileiou.com
에오스 eoos.com
에코픽셀 ecopixel.eu
엘리자 스트로지크 elisastrozyk.de
예스+라웁 jehs-laub.com
오펙트 offecct.com
유이 yuuedesign.com
이브 베하 fuseproject.com
이첸도르프 밀라노 ichendorfmilano.com
인터뤼브케 interluebke.com
임마누엘 마지니 emanuelemagini.it
잉가 상페 ingasempe.fr
재스퍼 모리슨 jaspermorrison.com
제나노 genano.com
줄리엔 드 스멭트 jdsa.eu
진 구라모토 jinkuramoto.com
카림 라시드 karimrashid.com
카방투 caventou.com
카이 링케 kailinke.com
케이스케 카와세 keisukekawase.info
콘스탄티노스 호우르소글로우 hoursoglou.com
콘스탄틴 그리치치 konstantin-grcic.com
콘크리트 LCDA concrete-beton.com
콩스탕스 기세 constanceguisset.com
크놀 knoll.com
크리스털 드 세브르 cristalsevres.com
크리스티나 셀레스티노 cristinacelestino.com
크리스티안 베르너 christian-werner.com
크바드라트 kvadrat.de
클라라 폰 츠바이크베르크 claravonzweigbergk.se
클라에손 코이비스토 루네 claessonkoivistorune.se
텍스투라에 texturae.it

토마쉬 크랄 tomaskral.ch
토마스 베른스트란드+린다우 & 보르셀리우스 bernstrand.com
borselius.se
토마스 벤젠 thomasbentzen.com
토마스 알론소 tomas-alonso.com
톰 딕슨 tomdixon.net
튜브스 tubesradiatori.com
티 챙 designhustler.co
파울라인 델토르 paulinedeltour.com
파트리시아 우르퀴올라 patriciaurquiola.com
포르마판타즈마 formafantasma.com
폴트로나 프라우 poltronafrau.com
프랑수아 아장부르 azambourg.com
프론트 frontdesign.se
피에트로 루소 pietrorusso.com
필립 니그로 philippenigro.com
하리 꼬스키넨 harrikoskinen.com
하이메 아욘 hayonstudio.com
허먼 밀러 hermanmiller.com
헤더윅 스튜디오 heatherwick.com
헤이 hay.dk
헨릭 페데르센 ledictateur.com
헬라 용에리위스 jongeriuslab.com
AYTM aytm.dk
cc-타피스 cc-tapis.com
E15 e15.com
SWNA theswna.com
VIA 플래튼 viaplatten.de

좋은 디자인의 10가지 원칙

초판 1쇄 발행일 2020년 7월 20일
초판 2쇄 발행일 2023년 6월 12일

지은이 아가타 토로마노프
옮긴이 이상미

발행인 윤호권
사업총괄 정유한

편집 이경주 **디자인** 김지연
발행처 ㈜시공사 **주소** 서울시 성동구 상원1길 22, 6-8층(우편번호 04779)
대표전화 02-3486-6877 **팩스(주문)** 02-585-1755
홈페이지 www.sigongsa.com / www.sigongjunior.com

글 ⓒ 아가타 토로마노프, 2020

ISBN 979-11-6579-107-0 14590
ISBN 978-89-527-7137-7 (세트)

*시공사는 시공간을 넘는 무한한 콘텐츠 세상을 만듭니다.
*시공사는 더 나은 내일을 함께 만들 여러분의 소중한 의견을 기다립니다.
*잘못 만들어진 책은 구입하신 곳에서 바꾸어 드립니다.